아시모프의 천문학 입문

우주는 여기까지 밝혀졌다

I. 아시모프 지음
현정준 옮김

전파과학사

혜성의 꼬리 새로운 혜성이 태양에 가까워지면 가열되어 다량의 가스와 먼지를 방출, 그것이 태양풍에 밀려서 어엿한 꼬리가 된다. 그러나 이것도 행성에 붙잡혀, 돌고 있는 동안에 생기를 잃게 된다. 이런 혜성들이 언제 나타나는지는 전혀 예언할 수 없다.

화성의 그랜드 캐니언(대협곡)　화성에는 지구의 어느 협곡보다도 길고 깊은 협곡이 있다. 사진의 중앙 상부, 상처처럼 보이는 비스듬한 선도 그 하나이다. 그 길이는 대략 5,000㎞에 이른다. 이 밖에, 여울에 의해서 만들어진 듯한 구부러진 틈새도 있다.

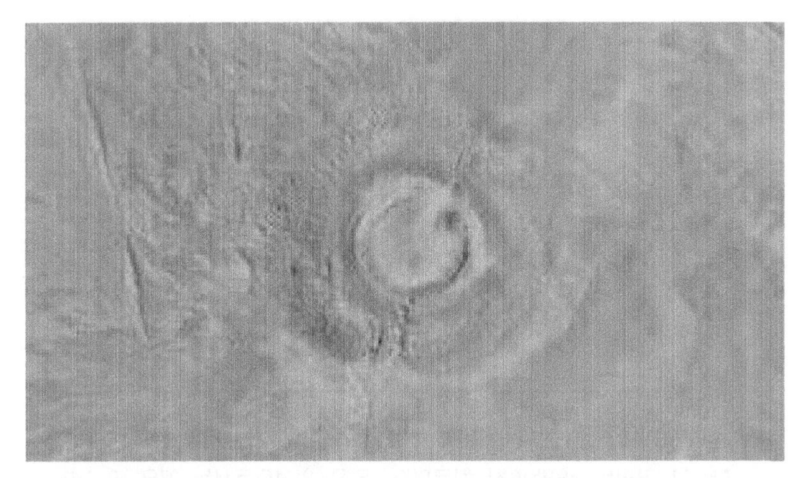

화성의 화구 운석의 충돌로 생긴 것으로 생각되는 화구. 둘레 지표의 무늬는 명백히 흐르는 물이나 기상의 영향으로 인한 것이다. 화성은 지금 빙하기. 머지않아 대기와 물이 되살아나서, 그때 새로운 생명 발견의 가능성이 있다는 설도 있다.

달에서 지구를 본다 달에서 본 지구의 위치는 거의 변화가 없다. 그 거리는 38만 6천 킬로미터—달은 위성으로서는 매우 크고, 그 질량은 지구의 1/81이지만 위성으로서는 최대의 질량이다. 이 때문에 지구의 바다에 조석을 일으키고, 우리 인류의 생존에 큰 영향을 주었다.

달의 화구 달의 뒷면에 있는 화구지대로 110㎞ 상공에서 본 것. 한편 태양계에는 달과 같은 또는 달보다 더 큰 위성이 5개 있는데, 이들은 모두 지구보다 거대한 행성의 둘레를 돌고 있는 것이다.

달의 바다 어둡게 보이는 부분이 달의 바다. 주목할 것은 이 부분이 한쪽으로 치우쳐진 것이다. 바다는 모두 지구로 향하는 반구에 있고 반대쪽에는 없다.

토성의 띠 이 아름다운 띠는 드라이아이스와 얼음덩어리로 되어 있다. 얇고 평탄하며, 그 두께는 불과 몇 m밖에 안 된다고 한다. 그래서 옆으로 보면 보이지 않는다. 사진처럼 보이는 것은 14년 반마다 온다.

최대의 행성 목성은 가장 큰 행성이다. 크기는 지구의 약 1,000배나 된다. 목성에 비하면 화성의 표면적은 1/400에 지나지 않는다.

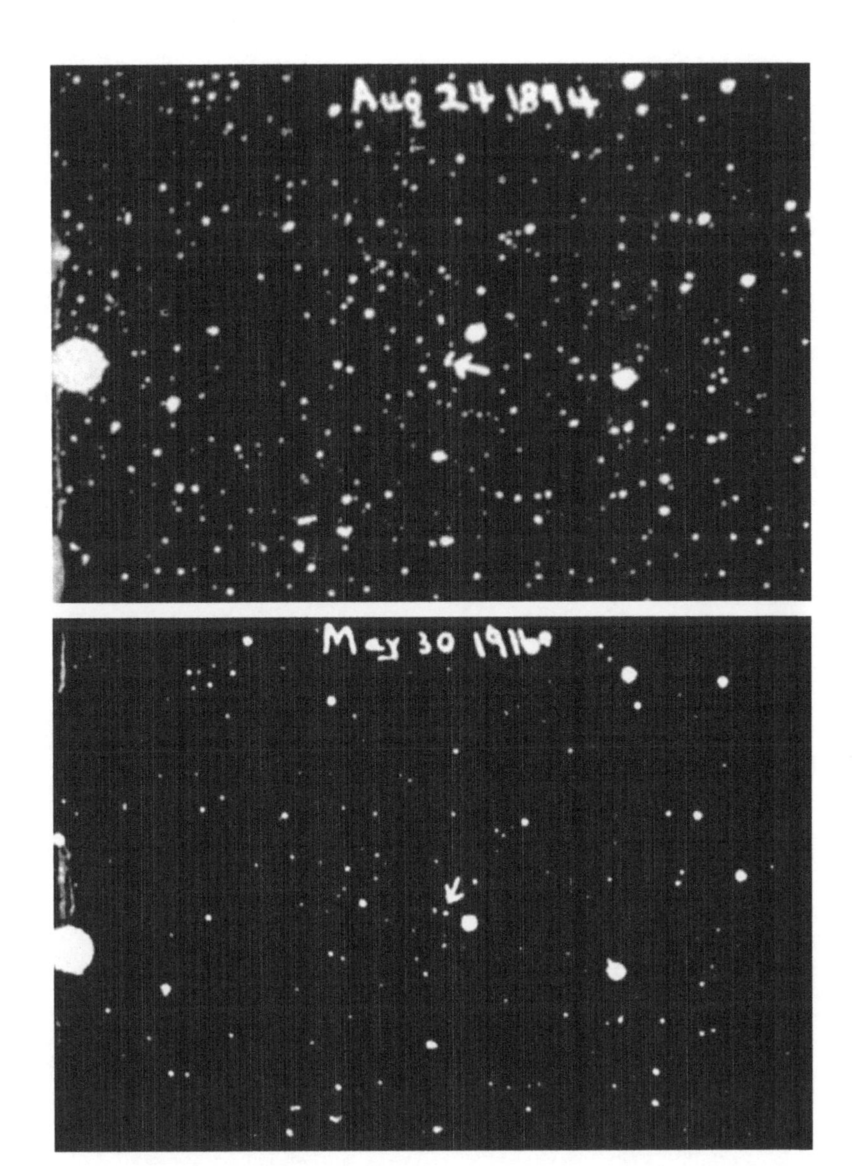

사진: 여키즈 천문대

달아나는 항성 태양에서 2번째로 가까운 항성은 바너드 별이다. 태양에서의 거리는 6광년. 초속 140㎞로 움직이므로 「바너드의 달아나는 별」로 불린다. 2장의 사진은 바너드 별이 22년간 이동한 거리를 나타낸다.

머리말

나는 지금까지 과학의 매우 넓은 분야를 다루어 왔다. 우선은 나 자신의 호기심을 만족시키기 위해서였고, 또 독자가 여러 가지 기호를 갖고 있기 때문에 되도록 많은 분이 자기가 원하는 읽을거리에 맞닥뜨릴 기회를 가지길 원했기 때문이다. 그래서 나의 주제는 천문학, 화학, 물리학, 생물학 등으로 여러 범위에 걸쳤었다.

그러나 과학 가운데서도 특히 천문학에 흥미를 가지고 있는 독자들을 생각해 본다면, 천문학 이외의 읽을거리도 많은 것 중에서 자기가 읽고 싶은 부분을 조금씩 찾아내야 한다는 이야기가 된다. 그렇다면 지금까지 내가 썼던 것 중에서 천문에 관한 것만을 주워 모아서 「아시모프의 천문학 입문」이라고 표제를 붙여서 내보면 어떨까. 이런 경위로 생긴 것이 이 책이다.

천문학과 관련된 것만을 모았다는 일 이외에 이 책의 출판에 즈음하여 추가되었던 것들을 밝혀 두어야겠다. 이 책의 토대가 된 잡지 기사는 좀 달리 쓰인 것이지만, 어느 기사나 근본적으로 달라진 것은 없다. 필요했던 것은 비교적 작은 개정뿐이다. 그래서 나는 내용에 최근의 진전을 덧붙이고 표의 수치를 갱신하였다. 또 사진을 첨가하고 내가 그 설명을 붙여서 각 장의 이해를 돕기로 하였다.

남은 것은 독자의 비판을 기다리는 일뿐이다.

뉴욕에서 아이작 아시모프

* 편집자 주) 명왕성은 1930년 발견 이후 태양계의 9번째 행성으로서 명왕성(冥王星, Pluto)으로 불렸다. 하지만 2006년 국제천문연맹(IAU)의 행성분류법이 바뀜에 따라 행성의 지위를 잃고 왜소행성(Dwarf Planet)으로 분류되었다. MPC 식별번호는 '134340'이다.

차례

1장 고향은 어디에

—빛과 거리에서 별을 재점검한다

우주의 끝으로부터 우리 모체(母体) 태양을 본다

1969년, 인류는 달에 도달했지만 머지않아 언젠가는 훨씬 더 먼 항성(恒星)들 사이를 날아다니게 될 것이 틀림없다. 향수(鄕愁)에 젖은 우주비행사가 어느 먼 곳에 있는 태양의 둘레를 돌고 있는 행성(行星)의 색다른 하늘을 우러러보며 작은 빛의 점에 지나지 않는 '솔(Sol)'—우리 태양을 다른 태양들과 구별하기 위해서 이렇게 부르기로 하자. 솔이란 라틴어로 태양이란 뜻이다—은 어디에 있을까 하고 찾는다. 그런 시대가 다가오는 것이 아닐까? 대우주의 싸늘한 공간을 뚫고 그리운 솔이 겨우 보일까 말까 할 그 멀리까지 갈 수 있는 날이 말이다.

감동적인 장면이다. 그러나 여기서 내가 문제 삼고 싶은 것은 우주비행사가 아무리 멀리 가더라도 우리의 태양을 볼 수 있을 것인가 하는 일이다. 더 일반적으로 말하면, 어느 행성의 주민이 그의 고향으로부터 아무리 멀리 떨어져도 그들의 태양을 볼 수 있냐고 말해도 좋다.

이는 물론 그 별, 즉 그들의 태양의 실제 밝기에 따라서 달라진다. 지금 문제인 것은 실제 밝기이고 겉보기의 밝기가 아니다. 지상에서 밤하늘을 바라보면 여러 밝기의 별이 보인다. 이 겉보기의 밝기는 별의 실제 밝기에도 관계하지만, 또 그 별의 거리에도 관계하고 있다. 그다지 밝지 않은 별이 비교적 가까운 곳에 있기 때문에 겉보기로는 밝게 보일 수도 있을 것이고, 한편 훨씬 더 밝지만 거리가 멀어서 앞의 별에 비해 하찮은 별로밖에 안 보이는 별도 있을 것이다.

겉보기의 밝기를 거리로 바로잡는다

켄타우루스(Centaurus)자리 알파(α)별과 카펠라(Capella: 마차부자리 α별)의 두 별을 예로 들어 보자. 어느 것이나 겉보기의 밝기는 거의 같고, 각각 0.1등급과 0.2등급이다. 별이 몇 등급의 별이라 할 때는 그 숫자가 작은 별일수록 밝다. 1등급만큼 작아지면 밝기는 2.51배가 된다.

그런데 이들 두 별의 거리는 꽤 다르다. 켄타우루스자리 α별은 가장 가까운 항성으로 우리와 1.3파섹(Parsec)밖에 떨어져 있지 않다. 카펠라 쪽은 우리와 14파섹, 즉 켄타우루스자리 α별의 10배 이상 떨어져 있다. 단 이 장에서는 거리를 모두 파섹이란 단위로 나타낸다. 그 까닭은 곧 뒤에서 설명하지만 1파섹은 3.262광년(光年), 31조(兆) 킬로미터이다.

빛의 세기는 거리의 2제곱에 반비례하여 감소한다. 따라서 카펠라로부터 오는 빛은 켄타우루스자리 α별의 빛보다 10×10, 즉 100분의 1로 약해지는 셈이 된다. 카펠라는 결과적으로 켄타우루스자리 α별과 같은 정도의 밝기로 보이므로 실제는 100배만큼 밝아야만 할 것이다.

별의 거리가 알려지면, 거리에 따른 겉보기의 밝기 차이를 바로잡을 수 있다. 어떤 표준거리로 가져왔다고 가정했을 때의 밝기를 계산할 수 있는 것이다. 천문학자들이 이 표준거리로 실제 쓰고 있는 것은 10파섹이다. 그 때문에 이 장에서는 거리의 단위를 모두 파섹으로 쓰기로 하였다.

그래서 겉보기 등급은 켄타우루스자리 α별이 0.1등급이고 카펠라가 0.2등급이다. 절대등급(絶對等級), 즉 그 별이 꼭 10파섹의 거리에 있다고 했을 때의 밝기는 켄타우루스자리 α별이

아무리 가까운 항성에서 보아도 태양은 보통의 별에 지나지 않는다

4.8등급, 카펠라는 0.6등급이 된다.

이에 관련해서 태양은 켄타우루스자리 α별과 거의 같은 밝기의 별로 절대등급은 4.86등급이다. 어느 것이나 극히 평범한 별이다.

절대등급, 겉보기의 등급 및 거리 사이의 관계는 다음 식으로 나타낼 수 있다.

$$M = m + 5 - 5\log D \quad \cdots\cdots \quad \text{수식 (1)}$$

여기서 M은 별의 절대등급, m은 겉보기의 등급, D는 거리(파섹)이다. 표준거리인 10파섹에서 D=10이고, log10은 1이다.

식은 M=m+5-5, 즉 M=m이 된다. 다시 말하면, 표준거리인 10파섹에서는 절대등급과 겉보기의 등급이 같게 되므로 이 식은 앞서 말한 것과 들어맞는다는 것을 알 수 있다.

시리우스에서 보면 태양도 어두운 별

이제 앞의 식을 좀 더 뜻있는 일에다 써보기로 하자. 지구를 출발했던 우주비행사가 어떤 항성(恒星)의 어느 행성(行星)에 착륙하여 거기 주민에게 우리들의 태양이 어느 것인지를 가르쳐 주려고 했다고 치자. 우주비행사는 자랑스럽게 가르쳐 주고 싶기 때문에 거기서부터 본 태양은 1등성이어야 한다고 하자.

수식 (1)에서 태양이 1등성으로 보일 때는 거리가 어느 만큼 떨어졌을 때인지를 계산할 수 있다. 이렇게 구해진 거리의 범위 안에서라면 태양은 1등성, 혹은 그 이상으로 밝게 보일 터이다. 태양의 절대등급, 즉 M은 4.86이다. 이것은 고칠 수 없다. 이제 겉보기의 등급이 1이 되는 거리를 내고 싶은 셈이니까 m에 1을 대입하면 된다. 그러면 남은 D가 계산되므로 답은 1.7파섹이 된다.

켄타우루스자리 α별만이 태양에서 1.7파섹 이내의 거리에 있다. 즉, 켄타우루스자리 α별의 행성에서만 태양이 1등성으로 보일 수 있는 것이다. 우주 안의 다른 어느 행성계(行星系)부터라도 태양은 더 어두운 별로밖에 보이지 않는다.

예를 들어 카펠라의 1/6의 밝기에 지나지 않는 시리우스(Sirius)는 거리가 2.7파섹으로 우리에게 극히 가까운 별이고 덕택에 밤하늘에 으뜸가는 밝기를 자랑하고 있지만 그래도 이 시리우스 행성에서 태양을 보았다고 하면 2등성으로밖에 보이지 않는다.

이렇다면 그의 긍지는 납작해지고 말 판이다. 그리고 향수의 설움 또한 달래 볼 길이 없는 것이다. 태양이 1등성이라야만 한다는 것을 단념하기로 하고 아무리 어두워도 좋으니 고향의 별을 한 번 보는 것만으로도 만족할 생각이 들게 될 것이다.

겉보기의 등급 6.5의 별은 이상적인 조건에서 눈이 좋은 사람이 겨우 볼 수 있는 가장 어두운 별이다. m을 1 대신에 6.5로 놓고 D를 계산해 보자. 결과는 20파섹이다. 태양은 20파섹의 거리에서 맨눈으로 겨우 볼 수 있는 한계의 밝기로 떨어지고 마는 셈이다.

물론, 20파섹의 거리 이내라면 먼지구름 같은 것이 방해하지 않는 한 어느 방향으로라도 볼 수 있으므로, 태양을 중심으로 한 반경 20파섹의 공이 태양을 맨눈으로 볼 수 있는 범위가 되는 셈이다. 이 공의 부피는 약 34,000파섹^{3}이다.

이것은 큰 숫자라고 생각될지 모르나, 2개 이상의 별이 서로 돌고 있는 연성계(連星系)도 1개로 헤아리면 태양 근방에서는 100파섹^{3}에 대해서 약 4~5개의 별이 있다. 그래서 태양이 보이는 범위 안에 존재하는 별은 약 1,500개가 된다. 우리 은하계에는 약 1000억 개의 별이 있으므로 태양을 맨눈으로 볼 수 있는 별의 개수는 하찮은 것임을 알 수 있다.

바꾸어 말하면 은하계의 지름은 30,000파섹 정도인데 태양을 볼 수 있는 범위의 폭은 그 800분의 1에 지나지 않는다는 이야기가 된다.

명백한 것은 우리가 은하계 안을 자유롭게 날아다닐 수 있다면 고향을 그리는 눈물 젖은 눈으로 타향의 하늘을 우러러볼

은하계 안에서도 태양을 찾아내지 못할 수가 있다

때 우리의 모체인 태양은 아마도 보이지 않는다는 것이다.

가장 어두운 별과 태양보다 밝은 별

물론 지나치게 겸손할 필요는 없다. 태양보다도 어둡고 볼 수 있는 범위도 훨씬 좁은 별도 있다.

실제 밝기가 가장 어두운 별로 알려진 것은 'BD4°4048성의 반성(伴星)'으로 전문가가 부르고 있는 별이다. 이 장에서는 간단하게 조지란 별명으로 부르기로 하자. 이 조지의 절대등급은 19.2이다. 이것은 태양의 100만 분의 2의 밝기에 지나지 않고 우리로부터 오직 6파섹인 곳에 있는데도 대망원경으로 겨우 볼 수 있을 뿐이다.

수식 (1)을 써서, 조지는 0.03파섹의 거리에서 겨우 맨눈으로 보이는 밝기에 이르는 것을 계산할 수 있다. 그래서 만약 태양의 자리에 조지를 놓으면, 명왕성의 150배의 거리에서 벌써 그는 맨눈에 보이지 않게 되는 셈이다.

은하계 안에서 이처럼 가까운 거리에 서로 독립인 별이 있다고 생각되지는 않는다. 만약에 있었다면 당연히 이중성(二重星, 連星) 가운데 하나일 것이고 BD4°4048성의 반성인 셈이다.

따라서 조지의 존재는 그 자신이나 BD4°4048성의 행성에 사는 것도 아니고, 또 망원경이 없는 '인류(人類)'에게는 영원한 비밀이다. 조지의 행성으로부터 길을 떠나는 우주비행사는 다른 별에 속하는 행성에 가서 그들의 태양을 찾아볼 수는 결코 없으리라.

한편, 태양보다 밝은 별의 경우는 어떨까? 시리우스는 절대등급이 1.36이고 100파섹 떨어져서도 볼 수 있다. 카펠라의 절대등급은 -0.6이고 260파섹의 멀리에 가서도 볼 수 있다. 시리우스가 보이는 장소의 부피는 태양의 경우에 비하면 100배, 카펠라에서는 2,000배나 된다.

카펠라도 결코 가장 밝은 별은 아니다. 맨눈에 보이는 별 가운데 실제 밝기가 최대인 것은 오리온(Orion)자리의 리겔(Rigel)이다. 그 절대등급은 -5.8이고 태양보다 20,000배나 밝고 카펠라와 비교해도 100배 밝은 셈이다.

리겔은 그 주위 2,900파섹 이내에서 맨눈으로 볼 수 있다. 즉 은하계 지름의 1/5의 범위에 해당한다. 이것은 상당히 넓은 범위다.

그래서 은하계 안의 상당한 부분에서 우리는 리겔을 써서 태양의 방향을 설명할 수 있는 셈이다. 리겔은 태양에 꽤 가까운 별이다. 우주비행사는 다른 행성의 주민들에게 이렇게 설명할 것이다.

> "아아, 여기서는 우리들의 태양이 보이지 않습니다마는 리겔에 가까이 있는 별이지요. 자, 저기 여러분, 이 부주후크술프트라고 부르시는……"

평소 밝기의 최고 기록을 가진 별은 우리 은하계 안의 별이 아니다. 그것은 대마젤란운(大Magellan雲: 거리 약 5만 파섹에 있는 우리 은하계의 위성과 같은 성운) 속에 있는 별로 12,500파섹의 거리까지 맨눈으로 볼 수 있다. 대마젤란운 속에서라면 어디서나 볼 수 있고, 만일에 우리 은하계 안에 있었더라도 먼지구름이 빛을 가리지 않는다면, 거의 어디서나 볼 수 있을 터이다.

무시무시한 밝기의 초신성(起新星)

물론, 보통의 별은 폭발하는 별의 밝기에 당하지 못한다. 폭발하는 별은 두 종류로 나뉜다. 첫째는 단지 신성(新星)으로 불리는 것으로 몇백만 년이란 기간을 두고 폭발을 되풀이하고 그때마다 자신의 무게의 1% 정도를 날려버리고, 밝기가 일시적으로 수천 배나 늘어나는 것이다. 폭발과 폭발 사이에서는 여느 별과 그다지 다름이 없다. 이런 신성은 절대등급으로 -9등급 정도에 이를 때가 있다. 이는 황새치(Dorado)자리 S별의 평소 밝기인데, 이 별이 유별나게 밝은 별임을 알 수 있다. 신성은 태양 같은 극히 보통의 별에 비하면 100만 배나 밝은 것이다.

폭발하는 별의 또 다른 것은 초신성(超新星)이다. 이것은 별 전체가 대폭발을 일으키는 것으로 태양이 60년 동안 걸려서 내는 에너지를 1초 동안에 뱉어내는 것이다. 별의 대부분은 날아가 버리고, 나머지는 백색왜성(白色矮星, 흰 난쟁이별)이나 중성자성(中性子星)이 된다. 초신성이 가장 밝아졌을 때는 절대등급으로 -14에서 -17에 이른다. 즉 밝은 초신성은 황새치자리 S별과 비교해도 1,500배나 밝은 셈이다.

절대등급이 -17까지 오르는 초신성의 경우를 생각해 보면 이 별은 가장 밝을 때 50만 파섹의 거리에서 맨눈으로 볼 수 있다는 이야기가 된다. 즉, 우리 은하계의 어딘가에서 이런 초신성이 폭발한다면, 별들 사이에 떠돌고 있는 먼지구름이 가리는 곳을 제외하고는 은하계의 어디서나 볼 수 있다는 것이다. 그것은 우리 은하계의 위성은하계(衛星銀河系)인 대(大) 및 소(小) 마젤란운에서부터라도 볼 수 있으리라.

그런데 우리 은하계와 이웃의 독립된 은하계인 안드로메다

(Andromeda) 은하계 사이의 거리는 약 70만 파섹이나 된다. 따라서 다른 은하계 안의 초신성은 맨눈으로는 볼 수 없는 셈이 된다. 맨눈에 보이는 초신성은 우리 은하계나 대소 마젤란운 속의 것이어야 한다는 이야기가 된다.

신성은 해마다 20개 정도 폭발하고 있다

그런데 천문학자는 우리 은하계 중에서 폭발한 신성에 대해서 연구하였다. 이를테면, 1934년 헤라클레스(Hercules)자리에 신성이 나타났지만, 이는 망원경이 아니면 보이지 않던 어두운 별이 며칠 사이에 북극성(北極星) 정도로 밝은 2등성이 되어 3개월 동안 그 밝기를 유지하였다. 1942년에는 목동(Bootes)자리의 아르크투루스(Arcturus) 정도의 밝은 1등성이 되어 한 달 정도 빛나던 신성이 출현했다.

그러나 신성은 그다지 드문 것이 아니고 한 은하계에서 해마다 20개 정도는 폭발을 일으키고 있다.

초신성이 되면 전혀 달라서 천문학자는 이에 관한 자료를 수집하기를 갈망하고 있다. 불행하게도 초신성은 극히 드물다. 하나의 은하계에서 1000년 동안에 약 3개의 초신성이 나타나리라고 추정되고 있다. 즉, 보통의 신성 7,000개에 대해서 초신성은 1개꼴이다. 우리 은하계에서 초신성이 나타난다면 제일 자세하게 연구될 것은 당연한데 천문학자는 이것을 고대하고 있는 셈이다.

실제로 우리 은하계에서 지난 1000년 동안에 기대되었던 3개의 초신성이 이미 출현했던 것으로 생각된다. 최근 1000년 동안에 맨눈에 보이는 매우 밝은 신성이 기록되었다.

첫째의 것은 1054년 중국과 일본에서 보였다. 당시의 기록으로부터 현대의 천문학자는 그 별의 장소를 꽤 정확하게 알 수 있었다. 그것은 황소(Taurus)자리 안에 있다. 무슨 폭발의 잔재 같은 것이라도 찾아지지 않을까? 1731년 영국의 물리학자이고 아마추어 천문가인 **존 베비스**는 바로 그 자리에서 희미하게 빛나는 물체를 찾아냈다. 이것은 빛을 내는 가스의 불규칙한 덩어리로 그 중심에는 빛이나 전파의 펄스(Pulse, 脈波)를 내는 중성자성이 있다는 것이 최근에 밝혀졌다. 그 형태가 게의 가위(발) 모양인 데서 이 천체는 게성운(Crab 星雲)으로 이름 지어졌다.

몇십 년 동안 관측을 계속했더니 이 가스는 팽창하고 있다는 사실이 알려졌다. 스펙트럼에 의해서 실제의 팽창 속도가 알려졌고 이것과 겉보기의 속도로부터 게성운의 거리가 밝혀졌다. 그 값은 약 1,600파섹이다. 현재 가스의 넓이와 아직 넓어져 가고 있는 속도로부터 몇 년 전에 폭발이 일어났는지를 계산할 수 있다. 답은 약 900년 전으로 나왔다. 게성운이 1054년 신성의 찌꺼기임은 의심할 바 없다.

이 신성은 금성(金星)보다 더 밝았다고 하였으니, -5등까지 밝아졌던 모양이다. 수식 (1)에 이 값을 대입하고 D에 1,600을 대입하면, 절대등급 M의 값은 약 -16이 된다. 이 절대등급과 나머지가 중성자성과 가스인 데서부터 1054년의 신성은 우리 은하계 안에서 폭발한 초신성이라고 말해도 틀림이 없다.

400년 전에 이미 초신성은 관측되었다

1572년 하나의 새로운 별이 카시오페이아(Cassiopeia)자리에 나타났다. 이 별도 금성보다 더 밝았다. 그리고 낮에도 보였다. 이번에는 유럽에서 관측되었다. 망원경을 쓰지 않고 관측한 천문학자의 마지막 한 사람이었고 또 가장 유명했던 튀코(Tycho Brahe, 1546~1601)가 젊었을 때 이 별을 관측해서 『데·노바·스텔라(라틴어로 '새로운 별에 대하여'란 뜻)』란 표제의 책을 썼다. 이 책의 표제로부터 영어, 독일어, 불어 등의 노바(新星)란 낱말이 생겼다.

1604년, 또 하나의 새로운 별이 나타났다. 이번에는 뱀주인(Ophiuchus)자리에서였다. 그것은 1572년의 신성만큼 밝지는 않고, 아마 화성이 가장 밝을 때의 겉보기 등급으로 -2.5 정도에 지나지 않았다. 이 별도 위대한 천문학자에 의해서 관측되었다.

그것은 **케플러**(Johannes Kepler, 1571~1630)였다. 케플러는 튀코(덴마크 사람, 달의 가장 눈에 띄는 화구에는 이 사람의 이름이 붙어 있다)의 만년에 그 조수를 맡고 있었다.

그런데 1572년과 1604년의 신성은 초신성이었을까? 1054년 신성의 경우와는 달리 가스 성운(星雲)은 남아 있지 않다. 초신성이었다는 직접적인 증거는 없는 셈이다. 혹은 보통의 신성이었는지도 모른다.

만약, 이 별들이 절대등급으로 -9밖에 안 되는 보통의 신성이었다면 1572년의 신성이 금성보다 더 밝게 보이기 위해서는 약 60파섹의 거리에 있는 셈이 된다. 1604년의 신성은 200파섹 떨어져 있는 격이 될 터이다. 만약 이런 별들이 상당히 어두워졌다고 하더라도 현재의 망원경으로 이 별들을 보지 못할 사람은 없을 것 같다고 생각한다. 물론, 조지처럼 어두워졌다면

튀코의 별은 대낮에도 보일 정도로 밝았다

안 보일 수도 있겠지만 그렇게 어둡게 될 수는 없을 것 같다. 여느 신성의 경우에는 있을 수 없는 듯한 일이지만, 만약 이 별들이 중성자성이 되어 버렸다면 빛으로는 안 보이더라도 '펄사(Pulsar)'—전파로 관측하면 빤짝빤짝하고 극히 짧은 주기로 펄스를 내는 별—로서 전파망원경에 걸릴 것이다.

안드로메다자리의 초신성

많은 천문학자는 1572년과 1604년의 신성이 우리 은하계 안의 초신성이었다고 인정하고 있는 것 같다. 그렇다면 이것은 천문학 역사상 하나의 심술궂은 사건이 되는 셈이다. 2개의 초신성이 1세대 정도밖에 안 떨어져서 출현했다. 그 세대는 망원경이 발명되기 직전의 세대였다. 망원경이 등장한 이후 12세대 동안에는 하나의 초신성도 우리 은하계에 출현하지 않았다.

망원경이라면 작은 것이라 해도 이들 초신성의 위치를 더 자세히 관측할 수 있고, 등급의 변화도 훨씬 더 어두워질 때까지 관측할 수 있어서 초신성에 대한 소중한 자료가 남겨졌을 것이다. 그리고 만약에 초신성이 분광기(分光器)의 발명 뒤에 출현했다면, 천문학자들에게는 장미색의 행운이 되었을 것이다.

실은 초신성은 케플러 이후에도 수많이 관측되고 있다. 그러나 다른 은하계에 나타났던 것들뿐이다. 따라서 겉보기의 밝기는 어둡고, 스펙트럼부터는 자세한 것이 거의 알려지지 않았다.

1604년 이후에 나타난 초신성으로 가장 밝고 또 우리에게 가장 가까웠던 것은 1885년에 안드로메다 은하계, 즉 우리 은하계의 이웃인 은하계에서 나타났다. 그것은 겉보기의 등급으로 7등급까지 올랐다. 아시다시피 7등급이므로 맨눈에는 전혀 보이지 않는다. 앞에서 말한 것처럼 우리 은하계나 마젤란운 속의 초신성만이 맨눈에 보이는 것이다.

안드로메다자리 은하계의 거리는 70만 파섹이므로, 이 초신성의 절대등급은 -17보다 좀 더 밝다는 이야기가 된다. 그것은 그 은하계 전체의 약 1/10의 밝기였다. 또, 안드로메다 은하계는 우리 은하계보다 상당히 밝기 때문에 대강 말해서 이 초신성 1개만으로 우리 은하계의 별들을 모두 합친 정도의 밝기에 달했던 셈이 된다. 실제로 이 별의 유별난 밝기 때문에 천문학자들은 보통 신성의 몇천 배나 밝은 신성이 존재한다는 것을 깨닫고 초신성이란 생각이 태어난 것이다.

이번에는 망원경과 분광기가 이 초신성으로 향하고, 훨씬 가까웠던 1572년 및 1604년의 것보다도 더 자세히 연구되었다. 하지만, 역시 타이밍이 좋지 않았다. 분광기와 사진기를 연결해서 스펙트럼의 사진을 촬영하지는 못했던 시기였다. 1885년의 초신성이 20년 더 지탱하였더라면, 혹은 지구에서의 거리가 20광년만큼 컸었더라면, 빛은 20년 늦게 우리에게 다다를 터이므로 그 스펙트럼을 사진으로 찍을 수 있고 세밀한 연구가 이루어졌을 텐데 말이다.

그런데 천문학자가 할 수 있는 일은 기다리는 일뿐이다. 다음 세기에 우리 은하계나 안드로메다 은하계에서 어떤 별이 화통을 터뜨려서 초신성이 되어 주기만 한다면 그야말로 감지덕지한 일이라 할 것이다. 이번에는 카메라나 그 밖에 새로 발명된 전파망원경 같은 새로운 관측 수단이 대기하고 있다. 다만 다음 초신성이 우리 태양이 아니라고 했을 때의 이야기인데, 그 가능성은 우리가 현재 초신성에 대해서 가지고 있는 다소간의 지식으로 판단해서 전혀 없다고 생각해도 좋다.

초신성의 출현으로 지구에 밤이 없어진다

그러나 태양의 일부분이 폭발하는 신성의 현상이라 해도 지구를 파멸시키고 말 것이다. 폭발 후 곧 지구는 고온의 가스로 뒤덮이고 만다.

하지만 태양의 일만을 걱정하면 되는 것일까? 만약 가까운 항성이 폭발한 경우에는 어떻게 될까?

이를테면 켄타우루스자리 α별이 폭발했다고 상상해 보자. 만약 이 별이 보통의 신성이 되어 절대등급으로 -9에 다다랐다면 겉보기의 등급으로는 -13.5가 될 터이다. 이는 보름달의 2.5배의 밝기로 플로리다나 이집트보다 남쪽에 사는 사람들에게 훌륭한 장관이 될 것이다. 그것은 새로운 관광자원이 되어 아르헨티나, 남아프리카 연방이나 오스트레일리아 등의 나라들은 2, 3개월 동안에 큰 벌이를 할 수 있으리라.

또 만약에 켄타우루스자리 α별이 초신성이 되어 절대등급 -17이 되었다면 어떤 일이 일어날까? 현재의 이론으로는 가능성이 없지만, 여하튼 상상의 날개를 펴보기로 하자. 그 겉보기 등급은 -21.5로 보름달의 4,000배, 태양의 160분의 1이란 밝기다.

이렇게 되면 이 별이 밤하늘에 나와 있는 지역에서는 밤이 없어지는 셈이다. 신문도 읽을 수 있고, 그림자도 생긴다. 만약 낮 하늘에 나와 있고 그래도 눈부시게 빛나는 빛의 점이 되어 물체의 그림자가 2개 생기게 될 것이다. 몇 달 동안 지구는 두 개의 태양의 행성처럼 되는 것이다.

지구에 내리쬐는 에너지는 일시적으로 0.6%만큼 많아진다. 이것은 기상에 큰 영향을 줄 터이다. 켄타우루스자리 α별에서 복사의 대부분은 높은 에너지를 가진 것으로 고층대기를 교란한다. 요약해서 말한다면, 켄타우루스자리 α별이 초신성이 되었다면 지구 위의 생명에 위험을 미치는 일은 없더라도 한동안 상당한 이변이 일어남에 틀림없다.

2장 명왕성을 넘어서

—티티우스의 수열 등에서 신행성을 발견하는 방법

행성은 티티우스의 수열 위에 있다

최근 200년 동안 태양계는 세 번 크게 확장되었다. 천왕성을 발견한 1781년에 이어서 해왕성의 발견이 1846년에 있었고, 마지막으로 명왕성의 발견이 1930년에 이루어졌다. 이것으로 전부일까? 아직 발견되지 않은 먼 행성은 없을까? 확실하게 장담은 할 수 없다. 그러나 여러 가지로 상상을 해 볼 수는 있다. 그쯤은 우리들의 기본적 인권이니 말이다.

그러면 명왕성의 바깥쪽을 돌고 있을지도 모를 '10번째의 행성'이란 어떤 것일까? 우선 태양으로부터의 거리는 얼마나 될까? 이 의문에 답하기 위해서 18세기로 거슬러 올라가서 이야기를 시작하기로 하자.

1766년, 독일의 천문학자 **티티우스**(Johann Daniel Titius, 1729~1796)는 태양에서 행성까지의 거리를 나타내는 간단한 방식을 발명했다. 그것은 이렇다. 우선 0을, 다음에 3을 그다음부터는 앞의 수를 2배 한 것을 쓴다. 즉,

0, 3, 6, 12, 24, 48, 96, 192, 384, 768…

란 수열을 만든다. 이 수열 각각의 수에 4를 더하면 '티티우스의 수열'이 생긴다.

4, 7, 10, 16, 28, 52, 100, 196, 388, 772…

그런데 태양에서 지구까지의 평균 거리를 10으로 하고 다른 행성까지의 거리를 나타내 보자. 다음의 표는 티티우스의 수열과 이렇게 표시한 행성의 거리를 그 당시 알려졌던 6개의 행성에 대해서 비교해 본 것이다.

티티우스가 처음 이것을 발표했을 때는 아무도 특별히 주목

〈표 1〉

티티우스의 수열	태양에서의 거리	행성
4	3.9	(1) 수성
7	7.2	(2) 금성
10	10.0	(3) 지구
16	15.2	(4) 화성
28		
52	52.0	(5) 목성
100	95.4	(6) 토성

하지 않았다. 다만 같은 독일의 천문학자 **보데**(Johann Elert Bode, 1747~1826)만은 예외였다. 보데는 1772년에 이것을 크게 선전하는 논문을 썼다. 보데는 티티우스보다 훨씬 더 유명했기 때문에 행성 거리 사이의 이 관계는 그 이후 보데의 법칙으로 불리게 되었다. 그리고 티티우스의 일은 깨끗이 잊혀 버렸다. 이 일은 후세의 사람이 언제나 올바른 평가를 해주는 것은 아니란 것을 가르쳐 주고 있다—실망의 밑바닥에 있는 사람을 더욱더 슬프게 만드는 이야기이다.

그런데 보데의 도움이 있었는데도 이 수열은 하나의 숫자의 신비 정도로밖에 받아들여지지 않았다. 흥, 이건 재미는 있지만 그래서 어쨌단 말인가, 하는 것이 세상 사람들의 소리였다. 그런데 1781년이 되자, 놀라운 일이 일어났다.

새로운 행성의 발견

독일 태생인 영국의 천문학자 **허셜**(John Frederick William Herschel, 1738~1822, 영국인이 된 후부터는 프리드리히를 빼고, 빌헬름을 윌리엄으로 바꿨다)은 그해, 자기가 만든 망원경을 써서 하늘의 별을 모조리 관측하고 있었다. 1781년 3월 13일, 그는 하나의 색다른 별에 맞닥뜨렸다. 그 별은 원반처럼 보이는 것 같았다. 항성이었다면 현재의 망원경으로도 그렇지만 하물며 당시의 망원경으로는 최고의 배율을 썼더라도 그렇게는 보이지 않았을 터이다. 그는 그 별을 매일 저녁 관측했고, 3월 19일이 되어 그 별이 항성들 사이를 이동하고 있다는 것을 확인할 수 있었다.

그런데 원반처럼 보이고 항성들 사이를 이동하는 천체는 항성이 아니다. 그렇다면 혜성이 틀림없다고 생각하게 되었다. 허셜은 이 천체를 혜성으로 영국학사원(英國學士院)에 보고했다. 그러나 관측을 계속해 보니 이 천체는 아무리 보아도 혜성처럼 희미한 윤곽을 가지지 않았고, 행성처럼 가장자리가 뚜렷하다는 것이 확실해졌다. 더구나 2~3개월 동안의 관측 결과 허셜은 그 궤도를 계산해 볼 수 있었지만, 혜성처럼 기다란 궤도가 아니라 행성과 같은 원에 가까운 궤도임이 밝혀졌다. 그리고 뜻밖에도 그 궤도는 토성의 궤도로부터 훨씬 바깥쪽에 있었다.

그래서 허셜은 자기가 찾아낸 천체가 새로운 행성이었다고 발표했다. 이 발표는 일대 센세이션을 일으키게 되었다. 망원경이 발명되고 2세기 가까이 지나서 많은 새 천체들이 발견되고 있었다. 많은 항성이나 목성과 토성의 위성(衛星)들이다. 그러나 행성이 발견되었다는 기록은 그때까지의 역사에 전혀 없었다.

당장에 허셜은 세계에서 가장 유명한 천문학자가 되었다. 1년 안에 그는 조지 3세의 직속 천문학자로 임명되었다. 그 6년 후에는 돈 많은 미망인과 결혼하였다. 그가 발견한 행성을 '허셜'이라고 이름 지으려는 움직임까지 있었다. 하지만 이는 결국

은하계 우주의 문을 연 허셜

인정되지 못하고 현재 이 행성은 천왕성으로 불리고 있다.

그러나 허셜의 발견은 전혀 우연한 것으로 실은 참다운 신발견도 아니었다. 천왕성은 극히 어두운 별이지만 맨눈으로도 확인할 수 있으므로 몇 번이고 보였을 터였다. 사실, 천문학자는 천왕성을 그것인 줄도 모르고 망원경으로 관측하고 그 위치를 기록하는 일까지 하고 있었다. 허셜의 발견보다 훨씬 이전인 1690년에 그리니치 천문대의 초대 대장이었던 **플램스티드**(John Flamsteed, 1646~1719)는 천왕성이 항성으로 실린 성도(星圖)를 만들고 있었다.

법칙에 따라서 미지의 행성을 찾는다

이런 형편이었으므로 어느 천문학자라도 천왕성을 찾았더라면 발견자의 명예를 손에 넣을 수 있었으리라. 찾아야 할 천체의 겉보기의 크기나, 항성들 사이를 움직여 가는 속도에 대해서 대략의 가늠을 해 둘 수도 있었을 터이다. 왜냐하면, 보데의 법칙으로 태양에서의 거리가 예언되기 때문이다. 보데의 법칙에 의하면 그 거리는 태양과 지구 사이의 거리를 10으로 해서 196이고, 천왕성의 실제 거리는 191.8이다.

물론, 천문학자들은 이런 실패를 다시는 저지르지 않으리라 마음먹었다. 보데의 법칙은 갑자기 명성과 새로운 지식에의 도표가 되었고, 천문학자들은 이 법칙에 열중하기 시작했다. 우선 착수해야 할 것으로는 화성과 목성 사이에 있을 미지의 행성이 있다. 천왕성의 발견이 있고 난 뒤에 처음으로 이 장소에는 행성이 있어야 하지 않을까 하는 것을 사람들은 깨달았다. 보데의 법칙에 의하면 화성과 목성 사이에는 거리 28인 행성이 있어도 될 터인데 그런 행성은 아직 알려지지 않았다. 이것을 찾아내야지, 하고 생각하게 된 셈이다.

1800년, 24인의 독일 천문학자가 이 미지의 행성을 찾기 위한 공동작업을 시작했다. 그들은 하늘을 24개의 구역으로 나누어 한 사람이 한 구역을 담당하기로 하였다. 그런데 독일식의 철저성으로 세워진 이 능률적인 계획도 한 이탈리아의 천문학자에게 선수를 빼앗기고 말았다. 독일에서 주도한 준비가 이루어지고 있는 동안에 시칠리아섬의 팔레르모에서 관측하고 있던 **피아치**(Giuseppe Piazzi, 1746~1826)가 우연하게도 그 행성을 발견해 버린 것이다.

이 새로운 행성은 시칠리아 섬의 수호 여신 이름을 따서 케레스(Ceres)라고 이름 지어졌다. 그것은 지름이 불과 770㎞인 작은 천체였다. 화성과 목성 사이의 공간에는 그 후, 몇백 개나 되는 행성('소행성')이 발견되었는데 케레스는 그 제1호였다. 소행성 제2, 제3, 제4호는 피아치의 발견 후 수년 안으로 독일의 천문학자들에 의해서 발견되었다. 그들의 계획도 결국은 헛되지 않았던 셈이다. 케레스는 소행성 중 가장 크다. 그래서 소행성의 대표로서 케레스를 선택하기로 하자. 그 태양에서의 평균거리는 지구를 10으로 해서 27.7이다. 보데의 법칙에 의하면 앞서 말한 것처럼 28이란 값이 주어져 있다.

이 얼마나 멋진 일치일까, 보데의 법칙의 신용은 더욱더 높아졌다. 그것은 8번째 행성, 해왕성의 예언에도 이용되었다.

9번째의 행성, 명왕성

천왕성의 운동을 조사해 보면 아무리 해도 알 수 없는 움직임이 극히 적기는 하나 포함되어 있었다. 이는 미지의 행성이 천왕성을 끌고 있기 때문임이 틀림없다고 생각하여 영국의 **애덤스**(John Couch Adams, 1819~1892)와 프랑스의 **르 베리에**(Urbain Jean Joseph Le verrier, 1811~1877)는 각각 독립적으로 그 미지의 행성의 궤도를 계산했다. 1845년과 1846년의 일이었다. 그들은 계산을 시작하기 위한 가정으로 미지 행성의 태양으로부터의 거리가 보데의 법칙에서 얻어진 값과 같다고 놓았다. 두 사람이 예언한 미지 행성의 위치는 거의 일치하고, 실제로 거기에 망원경을 향했더니 해왕성이 발견된 것이다.

본때 있는 예언이었다. 그런데 두 사람의 계산의 토대가 된 가정이 틀렸다는 것이 밝혀졌다. 해왕성의 거리는 태양에서 388이어야 할 터인데도, 실제는 301이었다. 해왕성은 13억 킬로미터나 태양에 가까운 곳에 있었으니 말이다. 보데의 법칙의 신용은 폭락하고, 다시금 숫자의 신비에 지나지 않는 것으로 생각하게 되었다.

1930년, 9번째 행성인 명왕성(冥王星)이 발견되었을 때에는 누구도 그 거리가 보데의 법칙에서 9번째 행성의 거리로 계산되는 값에 가까우리라고 생각하지 않았다. 사실 보데의 법칙에서 계산한 9번째 행성의 거리와 명왕성의 거리는 달랐다. 여기서 말해 둬야겠지만 행성의 번호는 소행성을 빼고 세고 있다. 즉, 화성은 4번째, 목성은 5번째다.

태양계에서 천왕성 바깥쪽에는 4개의 천체가 알려져 있다. 이들 4개의 천체는 어느 것이나 각각 색다른 점이 있는 천체다. 이 4개는 해왕성, 명왕성, 거기에 해왕성의 2개 위성인 트리톤(Triton)과 네레이드(Nereid)이다.

해왕성이 색다른 점은 물론 그것이 보데의 법칙보다도 상당히 태양에 가깝다는 데 있다. 명왕성의 색다른 점은 더 복잡하다. 우선, 그 궤도의 납작한 정도는 큰 행성 중 가장 두드러져 있다. 태양으로부터 제일 멀어지는 원일점(遠日点)에서는 거리가 73억 킬로미터, 태양에 가장 가까워지는 근일점(近日点)에서는 43억 킬로미터로, 해왕성의 평균 거리보다도 6000만 킬로미터만큼 태양에 가깝다.

현재 명왕성은 근일점으로 향하고 있는데 1989년에 근일점에 도착한다. 20세기 끝의 20년간, 명왕성은 해왕성보다도 태양에 가깝지만 머지않아서 해왕성보다 멀어지고 원일점으로 향하여 길을 계속 재촉할 것이다. 원일점에 다다르기는 2113년이다.

명왕성에 있어서 색다른 둘째 점은, 그 궤도가 지구의 궤도가 놓인 평면, 즉 황도면(黃道面, 8장 참조)에 대해서 꽤 기울어져 있다는 것이다. 이 기울기는 17°로, 다른 어느 대행성의 궤도 기울기보다도 크다. 이 기울기 덕분에 명왕성과 해왕성은 결코 충돌하는 일이 없다. 종이 위에 이들 두 행성의 궤도를 그리면 교차하고 있는 듯이 보이지만 입체적으로는 10억 킬로미터나 떨어져 있다.

마지막으로 명왕성은 그 크기가 목성, 토성, 천왕성, 해왕성 등의 외행성(外行星)과 상당히 다르다. 지름으로 말하면 6,800㎞밖에 안 되고 다른 4개의 외행성보다도 훨씬 작다. 또 밀도는 훨씬 더 크다. 명왕성은 크기나 무게로 말한다면 다른 외행성보다는 오히려 화성이나 수성과 같은 내행성(內行星)과 많이 닮았다.

가지각색인 궤도를 그리는 위성들

이번에는 해왕성의 위성을 알아보기로 하자. 그중의 하나, 네레이드는 지름 200㎞의 작은 것으로 1949년이 되어 겨우 알려지게 되었다. 이 위성의 색다른 점이라면 궤도가 굉장히 길쭉하다는 것이다. 해왕성에 제일 가까워질 때는 거리가 140만 킬로미터까지 줄고 그 후는 자꾸만 멀어져서 제일 멀어진 곳에서는 970만 킬로미터나 된다.

네레이드의 궤도는 태양계 내의 위성 궤도 중 매우 납작한 것으로 소행성 중에도 이처럼 납작한 궤도를 가진 것은 거의 없고 오직 혜성만이 이런 궤도를 가지고 있다.

해왕성의 또 다른 위성인 트리톤은 네레이드와는 달리 큰 위성이다. 그 지름은 4,000㎞로 추정되고 있다. 이와 관련해서 달의 지름은 3,500㎞이다. 또, 트리톤의 궤도는 거의 원이다. 트리톤의 색다른 점은 공전의 방향이 여느 행성이나 위성과 반대라는 데 있다. 목성이나 토성의 위성 가운데도 거꾸로 돌고 있는 것은 있지만 이들은 모두 중심의 행성에서 꽤 먼 곳을 돌고 있는 작은 위성으로 트리톤처럼 큼직하고 중심의 행성에 가까운 위성에서는 이런 역회전의 예가 없다.

목성의 위성 가운데서 가장 바깥쪽을 돌고 있는 4개가, 또 토성의 위성에서는 역시 제일 바깥쪽을 돌고 있는 1개(포에베, Phoebe)가 역회전한다. 이런 위성들은 본래 소행성이었던 것이 목성이나 토성에 붙들려서 위성이 된 것이 아닐까 하고 추측되고 있다. 화성, 목성, 천왕성 등의 중심 행성에 가까운 곳을 돌고 있는 위성은 모두 궤도가 원에 가깝고 중심 행성 적도(赤道)의 거의 바로 위를 공전하고 있다. 돌아가는 방향은 행성과 마찬가지로 북쪽에서 내려다봐서 시계의 바늘이 도는 방향과 반대이다. 이러한 궤도는 본래 위성이었던 천체에 있어서는 자연스러운 것이다.

그런데 네레이드는 그 궤도가 너무나 납작한 데서부터 본래 해왕성의 위성이었던 것이 아니라, 소행성이 붙잡혀서 위성이 된 것은 아닐까 하고도 생각된다. 그러나 소행성대(小行星帶), 즉 화성과 목성 사이에 있는 소행성이 수많이 존재하는 장소에서 멀리 떨어진 해왕성 근처에, 더구나 네레이드처럼 큰 소행성이 있었다면 이상한 일이다. 또 네레이드만큼이나 큰 소행성은 40개 정도밖에 알려지지 않고 있다.

트리톤에 대해서는 어떨까? 이만큼 큰 소행성이 해왕성 근처를 떠돌고 있을 수 있었을까?

해왕성 근방에서 대이변(大異變)이 일어났었다고 말하는 천문학자도 있다. 명왕성은 크기로 하면 다른 외행성보다도 위성 쪽에 가깝다. 실제로 명왕성이 해왕성의 위성이었다고 그들은 주장하고 있다.

그런데 그 대이변으로 인해 현재와 같은 독립된 행성의 궤도를 돌게 되었다고 하는 것이다. 이 대이변을 원인으로 트리톤의 공전 방향도 거꾸로 되었으리라.

그러나 그 대이변이란 도대체 무엇이었을까? 이것은 아무도 모른다.

소행성을 추리(推理)한다

태양계 내에서 과거에 일어났던 대이변의 나머지로서는 물론 소행성대가 있다. 현재 소행성대의 장소에 한때는 1개의 대행성이 존재했다는 확실한 증거는 아무것도 없다. 그러나 거기에 있었던 1개의 대행성이 폭발했다고 믿는 것은 매력적인 일이다. 폭발의 원인으로는 아마도 이웃에 있는 거인 행성—목성—의 인력으로 그 행성의 내부에 생긴 변화에 유래한다고 생각할 수 있을 것이다.

몇천 개나 되는 바위의 조각들—그중에는 지름 770㎞의 케레스를 비롯한 지름 100㎞ 이상의 것도 수십 개 정도 들어 있다—이 생겨나는 대폭발이란 확실히 하나의 대이변이었다고 말할 수 있으리라.

그런데 어딘지 앞뒤가 들어맞지 않는 점이 하나 있다. 그것은 화성과 목성 사이에 있는 소행성의 무게를 모두 합쳐 보아도 아마 화성의 무게의 1/10이나 수성의 무게의 1/5도 못 된

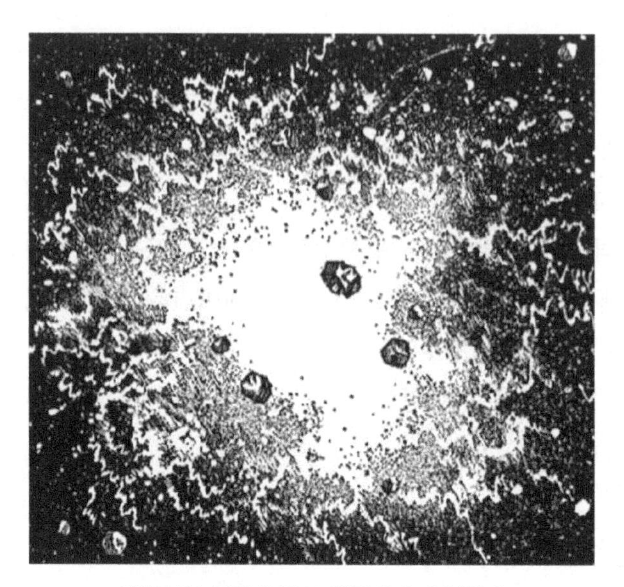

대행성이 폭발하여 소행성대가 출현했다

다는 것이다. 이래서는 태양계 속에서 가장 작은 행성보다도 더 작다. 어째서 이럴까? 이웃의 목성이 행성의 재료를 대부분 훔쳐 가버려서 이 상상의 행성을 난쟁이로 만들었던 것일까?

혹은 본래 행성의 극히 일부분만이 소행성으로서, 화성과 목성의 궤도 사이에 남아 있는 것이라고 생각하면 어떨까? 만약 4, 5번째의 행성, 즉 4번째는 화성, 5번째는 목성인 셈이지만 그들이 그 큰 조각을 태양계 바깥쪽으로 날려 버렸다면 어떨까? 그 조각은 목성, 토성, 천왕성의 궤도를 넘어서 해왕성의 근방까지 갔다가 거기서 진로가 심하게 구부러지거나 해왕성에 붙들리거나 할 가능성이 생각된다.

그 조각은 해왕성에 붙들려서 트리톤이 되고 본래부터 해왕성의 위성이었던 명왕성이 튕겨 나가서 이상한 궤도를 도는 행성이 되었을지도 모른다. 혹은 4, 5번째 행성의 조각이 명왕성이 되어 트리톤의 궤도를 크게 교란했을지도 모른다. 혹은 명왕성, 트리톤, 네레이드 3개는 모두 4, 5번째 행성의 조각들이었는지도 모른다.

이러한 모든 상상에서 문제가 되는 주요한 점은, 4, 5번째의 행성이 바깥쪽에 이만큼의 물질을 어떻게 튀쳐나가게 할 수 있었을까 하는 것이다. 거의 같은 분량의 물질을 안쪽으로, 즉 태양에 가까운 쪽으로도 날아가게 했다고 생각하면 이 문제는 해결되는 것이 아닐까?

달은 지구의 위성으로는 너무 크다

여기서 우리의 달의 문제가 나오게 된다. 달의 궤도는 지구의 적도에 대해 꽤 기울어져 있다. 또 꽤 쭈그러져 있다. 더욱이 주목해야 할 사실은 지구보다 달이 매우 크다는 것이다. 지구 정도 크기의 행성은 이처럼 큰 위성에 인연이 없다. 다른 내행성(內行星)을 보면, 화성에는 보잘것없는 작은 위성이 2개 돌고 있을 뿐이고 금성과 수성에는 위성이 하나도 없다.

달은 지구의 1/80의 무게를 가졌다. 다른 위성 중 중심 행성과 비교하여 이처럼 무게가 나가는 것을 찾아볼 수 없다.

4, 5번째 행성의 안쪽으로 날아갔던 조각이 지구에 붙들려서 달이 되었다는 가능성은 없을까? 그런 일이 있을 것 같지는 않지만 상상은 자유다. 지구 쪽으로 날아온 조각이 지구의 인력 때문에 다시 깨어져서 일부분은 지구의 둘레를 공전하기 시작하고, 나머지는 태양계 밖으로 날아가 버렸다는 일도 있을 수 있다.

혹은 또 일어날 것 같지 않은 일을 거듭하는 이야기일지도 모르겠으나 달과 갈라진 조각도 태양계를 벗어나지 못하고, 이를테면 태양에 붙들린 꼴이 되어 수성이 되었는지도 모른다. 수성은 명왕성 다음으로 궤도가 납작하고 궤도면의 기울기도 큰 행성이니 말이다.

만약 달, 트리톤, 명왕성, 수성, 거기에다가 화성과 목성 사이에 남아 있는 소행성들은 모두 한 묶음으로 치면 화성의 2배 정도의 무게가 된다. 이만하면 4, 5번째 행성의 위치에 어울리는 행성이 된다.

제10행성은 태양에서 120억 킬로미터

물론 지금까지의 이야기로 해왕성의 궤도가 보데의 법칙에서 보다도 태양에 가깝다는 사실이 잘 설명되리라고 생각지 않는다. 그러나 어쨌든 간에 우리는 모든 것을 해결할 수는 없다. 세밀한 설명은 천문학자에게 맡기기로 하고 자유로운 상상이나 계속 즐겨 보자. 천왕성보다 멀리 있는 천체들을 한 묶음으로 하여 생각해 보자. 이 천체들을 합쳐서 생각하면 어떤 그럴듯한 값이 얻어지지만 하나하나의 천체는 대이변(大異變)의 결과 본래와는 다른 궤도를 돌게 되었다고 가정하는 것이다.

우선, 이 한 덩어리의 천체의 태양에서의 평균 거리를 계산해 보자. 그 때문에 해왕성의 근일점거리와 명왕성 원일점거리의 평균을 잡으면 59억 킬로미터가 되어 지구의 평균 거리를 10으로 치고 395가 된다.

여기서 티티우스의 표에 새로운 수치를 넣어서 더 완전한 형태로 한 것을 만들어 보자(〈표 2〉 참조).

〈표 2〉

티티우스의 수열	태양에서의 거리	행성
4	3.9	(1) 수성
7	7.2	(2) 금성
10	10.0	(3) 지구
16	15.2	(4) 화성
28	27.7	(4, 5) 케레스
52	52.0	(5) 목성
100	95.4	(6) 토성
196	191.8	(7) 천왕성
388	395	(8, 9) 해왕성-명왕성
772	?	(10) 10번째 행성

자 이제, 내가 이 장의 첫머리에 제기했던 질문의 답이 나왔다. 제10행성은 태양에서 772인 곳, 즉 120억 킬로미터 근처에 있을 것 같다는 것이다.

제10행성의 크기는 어느 정도가 될까? 명왕성은 예외적이니까 생각하지 않기로 하면, 외행성의 지름은 바깥쪽의 것일수록 작아지는 사실이 알려진다. 각 외행성의 지름은 14만 킬로미터(목성), 12만 킬로미터(토성), 5만 킬로미터(천왕성), 5만 킬로미터(해왕성)이다. 이들 값에서 제10행성의 지름을 가령 2만 킬로미터로 생각하면, 그다지 터무니없는 값이 아니라고 판단될 것이다. 이 크기와 거리에서부터 제10행성의 겉보기 밝기는 13등급으로 계산된다. 즉, 제10행성보다 가까우나 더 작은 명왕성보다 밝은 셈이다. 또 제10행성은 극히 작은 원반으로 보이지만 그 겉보기 크기도 명왕성보다 크다. 명왕성이 발견되었는데 이보다 밝다고 추정되는 제10행성이 알려지지 않은 사실은

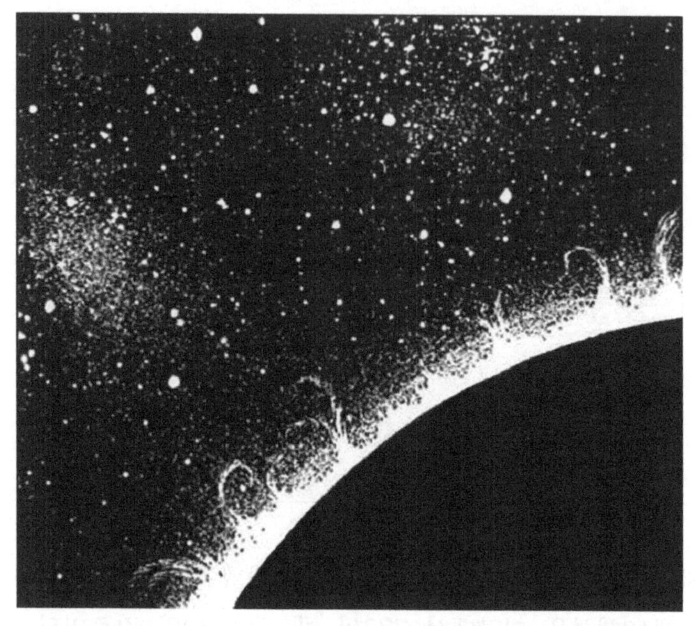

10번째 행성은 태양으로부터 120억 킬로미터 지점에 있을 것이다

제10행성이란 존재하지 않는다는 것을 뜻하는 것이 아닐까? 이를테면 1972년에 핼리혜성의 궤도 계산으로부터 제10행성의 존재가 확실하다고 생각되었던 일이 있었지만 발견할 수 없었고 계산도 다시 해 봤더니 제10행성에 대해서 부정적인 결과가 되었다.

아니, 그러나 반드시 그렇다고는 할 수 없다. 명왕성이 발견된 것은 비등한 밝기의 무수한 별 가운데서 그것이 이동하는 것을 찾았기 때문이다. 제10행성도 역시 별 사이를 움직이고 있다. 그러나 그 움직임은 명왕성보다도 느리다. 케플러의 제3법칙에서 제10행성의 공전주기는 약 680년으로 계산된다.

이는 명왕성의 공전주기의 3배에 가깝다. 따라서, 제10행성이 별 사이를 이동하는 평균 속도는 명왕성의 약 1/3이 된다. 제10행성이 달의 겉보기 지름만큼 움직이는 데 1년이 충분히 걸릴 것이다. 이처럼 움직임이 적기 때문에 제10행성을 찾아내기는 쉬운 일이 아니다. 천왕성이 그랬듯이 제10행성도 지금까지 몇 번이나 관측되었는지도 모른다.

제10행성은 고독한 별이다

제10행성에 대해서 제일 이상한 것으로 나의 마음을 치는 것은 그의 완전한 고독에 있다. 해왕성과 제10행성의 거리는 지구와 해왕성의 거리보다도 멀고, 또 명왕성에서 제10행성까지도 지구에서 명왕성까지보다도 떨어져 있는 경우가 많다. 2700년에 한 번 제10행성과 명왕성의 대접근(大接近)이 일어나고, 그때는 이들 행성 사이의 거리가 40억 킬로미터 정도(지구에서 해왕성까지의 거리)가 될 것이다. 명왕성 이외에는 혜성이나 둘레를 돌고 있을지도 모를 위성을 제외하면 제10해성에 70억 킬로미터 이내로 접근하는 천체는 없다.

제10행성에서 본 태양은 맨눈으로 원반의 형태임을 전혀 알아볼 수 없으리라. 태양은 완전히 별처럼 보인다. 겉보기 크기는 지구에 가장 가까워졌을 때 화성의 크기 정도도 못 된다. 그러나 태양은 빛의 점으로 보일 뿐이기는 하지만 보름달의 60배나 밝고, 항성(恒星) 가운데 가장 밝은 시리우스의 100만 배의 밝기를 가진다.

제10행성에 지능(知能)을 가진 생물이 살고 있었다면 이 밝기의 차이만이 태양과 다른 별을 구별할 특징이라고 생각할 터이다. 덧붙여서 만약 그들이 주의 깊게 관찰한다면 태양이 느리기는 하지만 다른 별들 사이를 이동하고 있다는 걸 깨달을 것이다.

또 태양계의 모든 행성은 태양의 근방을 오가고 있는 것 같이 보일 터이다. 명왕성이라 해도 그 궤도의 훨씬 바깥쪽에서 바라보는 셈이 되므로 원일점에 있을 때를 제10행성이 옆으로 보게 되는 경우에 태양에서 40° 정도 떨어져 보일 뿐이다. 다른 행성은 태양에 훨씬 더 가까운 곳을 떠나지 않는다.

제10행성에서 보면 수성과 금성은 지상에서 바라본 보름달의 지름보다 더 태양에서 떨어지는 일이 없다. 지구는 보름달 지름의 1.5배까지 떨어지는 일이 있고, 화성은 보름달의 지름의 2배 근처까지 갈 수 있을 터이다. 나는 만약 제10행성에 대기가 없고 하늘이 맑게 보였다고 해도 이 4개의 행성이 점으로밖에 안 보이지만 극도로 밝은 태양에 방해되어서 특별한 장치를 쓰지 않으면 볼 수 없으리라고 생각한다.

행성으로부터 행성을 본다

남는 것은 5개의 외행성—목성, 토성, 천왕성, 해왕성, 명왕성—이 되는 셈이다. 이들은 태양에서 되도록 멀리 떨어졌을 때(이때 망원경으로 보면 반달 모양으로 보인다)가 보기 쉽다. 이런 위치에서는 목성, 토성, 천왕성, 해왕성이 제10행성에서 거의 같은 거리에 있다. 명왕성은 조건이 좋을 때 다른 행성보다 가까운 거리에 있다.

행성의 겉보기 밝기를 생각할 때는 이런 사정으로 거리를 계산에 넣지 않아도 좋다. 토성은 목성보다 어두울 것이다. 그것은 토성이 목성보다도 작고 태양으로부터의 거리가 멀기 때문이다. 천왕성은 토성보다 더 어둡고 해왕성은 천왕성보다 더 어두우며, 명왕성은 해왕성보다 더 어두울 것이다.

천왕성, 해왕성, 명왕성이 가장 가까이 접근할 때는 목성이나 토성보다 가까워지지만, 맨눈으로 볼 수는 없을 것이다.

목성과 토성이 제10행성에서 특별한 장치를 쓰지 않고 볼 수 있는 오직 2개의 행성일 것이다. 가장 밝을 때 목성은 1.5등급(쌍둥이자리의 카스토르 정도의 밝기)이 된다. 이 정도의 밝기에 머무는 것은 1년 정도이고 이때 태양으로부터의 겉보기 거리는 4° 정도이므로 그다지 쉽게 보지는 못할 것이다. 이런 목성을 보는 데 비교적 편한 시기는 6년마다 찾아온다. 토성에 관해서 말하면 15년마다 관측의 좋은 기회가 찾아와서 2년 정도 계속되지만, 그때의 밝기는 3.5등급 정도밖에 안 된다. 중간 정도의 별의 밝기다. 맨눈으로 그럭저럭 볼 수 있는 행성은 이들뿐이다.

제10행성에 착륙한 천문학자들은 행성의 관측을 전혀 하지 않을 것이다. 태양계 내에서 행성 관측에는 최악의 장소이기 때문이다. 그 대신 그들은 항성(恒星)을 관측할 것이다. 제10행성은 항성의 거리를 재는 데 특히 적합하다. 이 행성 위에서 항성의 위치를 자세히 조사하여 340년 걸려서 궤도를 반 바퀴 돌아 230억 킬로미터 떨어진 점에 왔을 때 다시 같은 항성의 위치를 조사하면 삼각측량의 원리로 별의 거리를 구할 수 있다. 지구 위에서의 비슷한 관측에서는 지구 궤도의 지름이 3억 킬로미터밖에 안 되기 때문에 이 방법으로 거리가 알려지는 항성은 비교적 근거리의 것에 한정된다. 제10행성에서의 관측에 의하면 이렇게 거리가 구해지는 항성은 지구의 경우의 77배 거리까지 범위를 넓힐 수 있다. 이 삼각측량의 원리를 쓴 방법은 별의 거리를 구하는 방법이 여러 가지 있는 가운데, 가장 기본적이고 중요한 것으로, 또 가장 믿을 만한 방법이기도 하다.

마지막으로 제10행성을 무엇이라고 이름 지으면 좋을까? 오랜 관습대로 고대의 신화 속에서 고르기로 하자. 제9행성에 지하세계의 왕의 이름을 따서 플루토(Pluto, 冥王星)라고 부른 이상, 제10행성에는 그의 아내의 이름을 따서 페르세포네(Proserpina)로 이름 짓고 싶어진다. 그러나 이 이름은 명왕성에 위성이 발견되었을 때를 위해서 꼭 보류해 두어야 한다.

그리스 신화에는 죽은 사람의 영혼을 플루토와 페르세포네의 세계인 지하세계로 건네주는 뱃사공이 등장한다. 그의 이름은 카론이라고 한다. 지하세계의 입구에는 3개의 머리를 가진 파수 보는 개 케르베로스가 있다.

나는 제10행성을 카론, 그리고 위성이 발견되면 케르베로스로 이름 짓기를 제안하고 싶다.

지구로 돌아오는 우주 여행자는 우선 카론과 케르베로스의 궤도를 가로질러, 명왕성과 페르세포네의 궤도에 이른다. 이것은 아주 멋진 이름 짓기가 아닌가.

3장 생물은 목성에 산다

—여기에는 생존 가능의 온도, 바다, 대기가 있다는 이야기

목성은 거인 행성

「태양계의 어느 행성에 생명이 존재할 가능성이 제일 클까? (물론 지구는 제외하고)」 하고 묻는다면 여러분은 어떻게 답하겠는가? 조금 옛날이었다면 일제히 「화성!」 하고 대답이 돌아왔을 터이다.

화성에 생명이 존재할지도 모른다는 것의 이유를 나 자신이 몇 번이나 되풀이해 말해 왔기 때문에 모두 따로 외고 있다.

화성은 작고 춥다. 공기는 부족하다. 그러나 원시적인 식물까지도 살 수 없을 정도로 춥지는 않고 공기가 전혀 없는 것도 아니다.

한편, 금성과 수성은 너무 덥다. 달에는 공기가 없다. 태양계 내의 다른 위성과 소행성은 너무 춥거나, 너무 작거나, 또는 양쪽 다이다.

「목성, 토성, 천왕성, 해왕성은 전혀 이야기도 안 된다」—태양계 안의 생명에 관한 설명은 이렇게 말하고 끝이 난다.

그러나 코넬대학의 천문학자 칼 세이건은 전혀 다른 생각을 가지고 있다. 이 문제에 관한 그의 논문을 읽고 나는 이들 태양에서 먼 곳을 돌고 있는 행성에 대해 좀 생각해 볼 마음이 생겼다.

갈릴레오 이전에는 목성과 토성이 다른 행성과 특히 다르다고 생각되지 않았었다. 다만, 이 행성들의 운동은 느리고 아마도 거리가 멀기 때문이리라고 추정되었을 뿐이다. 물론 천왕성과 해왕성은 아직 알려지지 않았었다.

그러나 망원경으로 들여다보면 목성과 토성은 원반 모양으로 보이고 그 겉보기의 지름을 측정할 수 있었다.

〈표 3〉

행성	부피(지구=1)
목성	1,300
토성	750
천왕성	50
해왕성	60

이 행성들의 거리도 알려지게 되고 행성의 실제 크기가 계산되었다. 그 결과는 놀라운 것이었다.

지구의 지름은 1만 3천 킬로미터인데, 목성의 지름은 14만 3천 킬로미터, 토성의 지름은 12만 1천 킬로미터나 됨이 알려졌다.

태양계의 바깥쪽을 돌고 있는 행성은 거인이었다.

1781년 천왕성이, 1846년 해왕성이 발견되어서 「그다지 거인도 아닌」 행성이 태양계의 가족이 되었다. 천왕성의 지름은 4만 7천 킬로미터, 해왕성의 지름은 5만 킬로미터이다.

이들 태양계의 바깥쪽을 돌고 있는 행성과 우리의 작은 지구의 부피를 비교하면 더욱 큰 차이가 있다. 부피는 지름의 3제곱으로 변화하기 때문이다.

즉 천체 A의 지름이 천체 B의 10배였다면, 천체 A의 부피는 천체 B의 10×10×10, 즉 1,000배가 된다. 이렇게 계산해 보면 「거인」들의 부피는 지구를 1로 했을 때 〈표 3〉과 같다.

토성은 물에 뜰 정도로 가볍다

거인 행성의 둘레에는 어느 것이나 위성이 돌고 있다. 위성

〈표 4〉

행성	무게(지구=1)
목성	318
토성	95
천왕성	15
해왕성	17

〈표 5〉

행성	밀도(지구=1)
목성	0.245
토성	0.125
천왕성	0.300
해왕성	0.283

과 중심 행성의 거리는 간단히 측정할 수 있다. 또 위성의 공전주기를 재는 것도 어렵지 않다. 이 2개의 자료에서 중심 행성의 무게를 결정할 수 있다(6장 참조). 무게로 보더라도 거인은 역시 거인이다. 지구의 무게를 1로 할 때 거인 행성의 무게는 〈표 4〉와 같다.

4개의 거인 행성이 태양계 행성 전부의 무게의 대부분을 차지하고 있다. 목성만 그 70%에 달한다. 거인 행성 이외의 행성, 위성, 소행성, 혜성, 유성의 재료가 되는 작은 천체를 모두 합쳐도 태양 이외의 태양계 천체 무게 전체의 1%도 못 된다. 태양계 외의 지적 생물(知的生物)은 태양계를 공평하게 관찰해서 다음과 같이 적을 것이다. X별, 스펙트럼형 GO, 행성 4개 및

넓은 바다가 있다면 토성을 띄울 수 있다

파편 다수.

여기서 무게에 대한 자료를 다른 면으로부터 달리 보기로 하자. 부피의 표와 비교하면 무게의 값은 작다는 것이 알려진다. 이를테면 목성은 지구의 1,300배나 부피가 나가는데 무게는 318배밖에 안 된다. 같은 부피로 비교하면 목성은 지구보다 가볍다. 전문적인 말로 하면 밀도가 작은 셈이 된다. 지구의 밀도를 가령 1로 하면 다른 행성의 밀도는 〈표 4〉의 수치(지구를 1로 할 때 무게)를 〈표 3〉의 수치(지구를 1로 할 때의 부피)로 나누어서 얻어진 결과가 〈표 5〉이다.

같은 방법으로 나타낸 물의 밀도는 0.182이다. 그래서 거인 행성 가운데도 제일 밀도가 큰 천왕성이라도 물의 1.6배의 밀도에 불과하고, 목성과 해왕성은 물의 1.5배, 토성은 물보다도 가벼움을 알 수 있다.

나는 토성이 물에 뜨는 이야기를 천문학책에서 읽었을 때의 일을 잘 기억하고 있다. 만약 토성을 넣을 수 있을 만한 바다가 있다면 토성을 거기에 띄울 수 있다는 것이다.

물에 잠기는 부분은 7할 정도이다. 환(둥근 고리)이 붙은 토성이 물결치는 바다에 떠 있는 그림은 매우 인상적이었다.

목성의 자전주기를 조사한다

밀도가 물보다 작다고 하면 토성은 코르크와 같은 물질로 되어 있다고 생각하기 쉽지만, 그것은 오해다. 이에 대해서는 뒤에서 설명하기로 하자.

목성에는 얼룩무늬가 보인다. 이 무늬를 잘 보고 있으면 목성이 자전하고 있음을 알 수 있다. 한 바퀴 도는 주기도 정밀하게 정할 수 있어 9시간 50분 30초이다. 더 바깥쪽의 거인 행성의 자전주기도 측정되었지만, 목성의 경우보다 결정하기가 어렵다.

목성의 자전에 대해서는 재미있는 일이 있다. 지금 말한 자전의 주기는 목성의 적도 부분 값이다. 목성 표면의 다른 부분은 이보다 좀 느리게 자전하고 있다. 목성의 북극, 혹은 남극에 가까워짐에 따라서 자전주기는 점점 길어진다. 이 사실만으로도 우리가 보고 있는 것이 목성의 굳은 표면이 아님을 알 수 있다. 굳은 표면이 보인다면 이는 어디서나 같은 주기로 자전할 것이다.

목성의 표면이라고 생각한 것은 대기에 떠 있는 구름이라는 것이 명백하다. 이것은 다른 거인 행성에 대해서도 마찬가지다.

이 구름 밑에는 지구의 대기보다도 훨씬 짙은 대기층이 두껍게 존재하는 게 틀림없다. 짙은 대기라고 해도 암석이나 금속보다는 훨씬 밀도가 작다. 거인 행성의 밀도가 작은 것은 대기를 포함해서 생각하고 있기 때문이다. 대기의 밑바닥에 있는 행성의 중심 부분만 떼어 내면 그 밀도는 지구와 같은 정도거나 아마 더 클 것이다.

기권, 수권, 암석권

그런데 대기의 두께는 얼마나 될까? 우선 주목해야 할 것은 거인 행성이 지구보다 태양에서 떨어져 있어 행성이 탄생한 이후 지구보다 온도가 낮았기 때문에 가벼운 원소가 날아가지 않고 남아 있었다는 사실이다. 거인 행성에는 수소(H), 헬륨(He), 탄소(C), 질소(N), 산소(O)가 다량으로 존재한다. He는 다른 원소와 화합하지 않고 기체의 형태로 존재한다. H도 여분이 있기 때문에 기체로도 존재하지만, C, N, O와 화합해서 각각 메탄(CH_4), 암모니아(NH_3), 물(H_2O)로 되어 있다.

CH_4는 기체이다. NH_3도 지구의 온도에서는 기체지만 -100°보다 낮은 온도에서는 고체가 된다. 물론 물도 고체(얼음)가 된다. 그러나 CH_4는 여전히 기체인 상태로 있다.

사실 목성의 대기를 스펙트럼으로 조사해 보면 H와 He가 3:1의 비율로 존재하고 NH_3와 CH_4가 거기에 섞여 있다. 물은 발견되지 않았다. 아마도 얼어버려서 스펙트럼에는 나타나지 않는가 보다. 지구는 암석과 금속 부분(암석권, 岩石圈) 위에 물의 층(水圈)이 있고, 그것을 기체의 층(氣圈)이 둘러싸고 있는 구조로 되어 있다.

거인 행성에 많이 존재하는 가벼운 원소는 기권과 수권에 분포하고 있고, 암석권에는 그다지 많이 포함되지 않았을 것이다. 거인 행성의 구조는 중심에 지구보다 큰, 그러나 그다지 크지는 않은 암석권이 있고, 그것을 방대한 수권(水圈)이 둘러싸고, 그 바깥쪽에 역시 방대한 기권(氣圈)이 있는 식으로 되어 있을 것 같다.

그런데 방대하다면 얼마나 방대한 것일까?

이 문제를 풀기 위해서는 거인 행성의 편평(扁平)한—납작한—정도가 중요한 열쇠가 된다. 목성의 지름은 적도에서 재면 14만 3천 킬로미터이지만 북극에서 남극까지의 지름은 13만 4천 킬로미터밖에 안 된다. 둘째 것이 6% 정도 짧은 셈인데 이것을 편률(扁率) 6%라고 한다. 지구의 편률이 오직 0.34%에 불과한 데 비하면 매우 큰 것을 알 수 있다. 그래서 목성은 눈으로 보아도 꽤 납작한 것이 알려진다. 토성은 이 정도가 더 두드러져서 적도의 지름 12만 1천 킬로미터, 극 방향의 지름 10만 9천 킬로미터, 편률 9.6%이다. 한편, 천왕성과 해왕성은 토성이나 목성만큼 납작하지 않다.

납작한 정도를 정하는 첫째 것은 행성의 자전 속도와 이것으로 생기는 원심력(遠心力)이다. 목성과 토성은 지구보다도 훨씬 큰데도 자전주기는 10시간 정도이다. 그래서 목성의 적도 부분은 자전 때문에 시속 4만 6천 킬로미터로 움직이고 있다. 지구의 적도 부분에 있어서 자전 속도는 시속 1천 700킬로미터에 지나지 않는다. 당연히 목성 표면에서의 인력은 강하지만 지구의 경우보다도 더 크게 밖으로 밀려 나와서 적도 부분이 부풀고 극(원)의 부분이 납작해지는 결과가 된다.

〈표 6〉

행성	암석권의 지름(㎞)	수권의 두께(㎞)	기권의 두께(㎞)
목성	30,000	27,000	13,000
토성	23,000	13,000	26,000
천왕성	11,000	10,000	5,000
해왕성	10,000	10,000	3,000
지구	6,400	3	13

그런데 토성은 목성보다도 작고, 자전주기는 목성보다 20분 정도 길다. 따라서 적도 부분에서의 원심력이 약하고 인력이 작은 것을 고려하더라도 납작해지는 비율은 목성보다도 적을 것이다. 그러나 실제로는 토성 쪽이 더 납작하다. 왜냐하면 납작해지는 정도가 행성 내부의 밀도 분포(密度分布)에 따라서도 달라지기 때문이다. 만약 토성의 기권(氣圈) 두께가 목성보다도 크다면 납작한 정도의 차이가 설명된다.

허풍선처럼 큰 거인 행성

윌트(Rupert Wildt, 1905~1976)란 천문학자가 행성의 암석권, 수권, 기권의 크기를 추정하였다. 이는 행성의 밀도와 납작한 비율이 관측된 값과 일치하도록 계산된 것이다. 하기는 이 결과가 모든 천문학자에 의해서 인정된 것은 아니다. 그러나 여하간에 이것을 우리 논의의 자료로 쓰기로 한다.

이에 따르면, 그 값들은 〈표 6〉과 같고, 지구에 대한 것은 비교를 위하여 내가 덧붙인 것이다.

참고삼아 말하면 목성에 관하여 오늘날 일반적으로 생각된

〈표 7〉

행성	암석권의 무게(지구=1)
목성	100
토성	45
천왕성	5.5
해왕성	3.5

것으로는 대부분이 H와 He로 이루어졌다는 것이다. 원자의 개수로 따져서 H 14개에 대해서 He 1개의 비율이다. 압력이 극히 높은 곳에서는 H도 금속과 비슷한 성질을 띠게 된다. 목성의 중심부는 이와 같은 「금속 수소」로 이루어졌다고도 한다. 그러나 목성 내부에 관한 설은 어느 것이나 아직도 추정의 범위를 벗어나지 못하고 있다.

〈표 6〉에서는 지구의 기권이 13㎞로 되어 있지만, 실제는 그보다 더 두껍고 또 명확한 경계도 없다. 여기에 실은 것은 구름이 생기는 층의 위 끝까지의 두께인데 거인 행성의 경우의 수치도 이에 해당하는 것이다.

보시다시피 토성은 목성보다도 작지만, 기권은 훨씬 더 두껍다. 이 때문에 전체 밀도는 작고, 납작한 비율이 비상하게 큰 것이다. 천왕성, 해왕성의 기권은 비교적 얇고 따라서 밀도가 크다.

이 표에서 암석권에 대해 비교하면 지구가 그다지 작지 않음을 알 수 있다. 가령 암석권의 밀도가 어느 행성이나 같다고 생각하면 지구 암석권의 무게를 1로 할 때의 거인 행성의 암석권의 무게는 〈표 7〉처럼 된다.

거인 행성이 거대한 이유는 지구에 비하여 엄청나게 큰 수권

〈표 8〉

행성	암석권 부피	수권 부피	기권 부피
목성	111	671	656
토성	48	138	772
천왕성	6	32	33
해왕성	4	26	18
지구	1	0.002	0.007

〈표 9〉

행성	암석권(%)	수권(%)	기권(%)
목성	7.7	47.0	45.3
토성	4.8	14.4	80.8
천왕성	8.0	44.3	47.7
해왕성	8.0	55.5	36.5
지구	99.41	0.125	0.425

과 기권에 있는 것이다.

토성은 기체로 된 거인이다

이 사실을 확실히 납득하려면 지름이나 두께 대신에 부피로 나타내 보면 좋다. 〈표 8〉에서는 부피를 1조(兆, 10^{12})㎦를 단위로 나타냈다. 여기서도 지구의 값을 비교를 위해서 넣어뒀다.

이 표로부터 알 수 있듯이 거인 행성의 암석권은 행성 전체 부피의 비교적 작은 부분을 차지하는 데 지나지 않는다. 한편 지구에서는 암석권이 거의 전부를 차지한다.

〈표 9〉에서는 행성 전체의 부피에 대한 %를 나타냈으므로 이것이 더 확실히 알려질 것이다.

이제 더 차이를 뚜렷하게 보일 수는 없을 것이다. 지구에서는 약 99.5%가 암석권인데 거인 행성에서는 8% 이하에 불과하다. 해왕성의 대략 1/3은 기체다. 목성과 천왕성의 경우는 약 1/2이 기체이고, 밀도가 제일 작은 토성에서는 전체 부피의 무려 4/5가 기체로 되어 있다.

거인 행성은 「기체로 된 거인」으로 불릴 때가 있다. 이 이름은 특히 토성에 대해서 적당한 이름이라 할 것이다.

목성에는 온실효과(溫室效果)가 있다

거인 행성은 지구와 전혀 다른 세계다. 대기는 격심한 독성(毒性)을 가졌고 매우 두꺼워서 태양 광선을 전혀 통과시키지 않는다. 대기 아래에 있는 「표면」은 낮에도 영원한 어둠 속에 묻혀 있다. 기압은 엄청나게 높다. 관측 사실로부터 추정되는 바에 의하면 대기 속에서는 거대한 폭풍우가 휘몰아치고 있는 것 같다.

거인 행성의 온도는 일반적으로 가장 고온인 목성이라도 -100℃, 가장 온도가 낮은 해왕성은 -220℃로 추정되고 있다. 만약 폭풍우나 압력, 독성을 무릅쓰고 거인 행성의 표면에 착륙했다고 해도 거기는 행성 전체를 덮고 있는 몇천 킬로미터의 두께를 가진 암모니아 얼음 위인지도 모른다.

이러한 행성 위에서 인류가 착륙하여 생활하기는 도저히 불가능할 것 같고, 지구 위의 생명과 다소나마 닮은 생명이 존재하기 어려울 것으로 생각된다. 이런 상상으로부터 빠져나갈 것

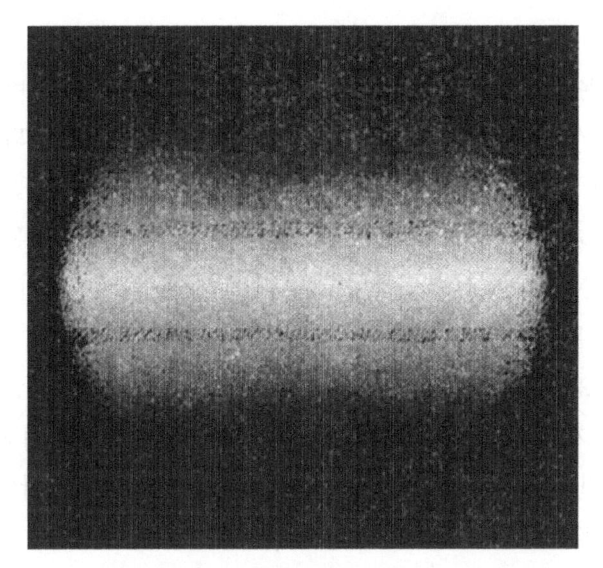

거인 행성은 둘레를 기체가 둘러싼 별이다

은 없을까?

아마도 있을 것 같다. 큰 샛길이 있다. 문제는 온도에 달렸다. 목성은 우리가 생각한 만큼 춥지 않을지도 모른다.

확실히 목성은 지구와 비교하면 태양에서 5배 거리에 있고 태양에서 받는 빛은 1/25의 세기에 지나지 않는다. 그러나 중요한 것은 받는 분량이 아니라, 얼마나 담아 둘 수 있는가에 있다. 목성은 태양빛의 4/9를 반사하고 남은 5/9를 흡수한다. 흡수된 빛은 목성의 대기 밑에 있는 표면까지 빛으로 도달할 수는 없으나 다른 모습으로—즉, 열로서—도달하고 있다. 일반적으로 행성은 이 열을 파장이 긴 적외선(赤外線)으로서 방출한다. 그러나 목성의 대기, 특히 그중 암모니아(NH_3)와 메탄(CH_4)은 적외선을 잘 통과시키지 않으므로 목성은 점점 더워진다. 어느 정도 온도가 오르면 적외선으로 새어 나가는 열과 태양에서 받는 열이 균형을 이루게 된다.

이「온실효과」덕분에 목성 표면의 온도가 지구와 비슷하리라고 상상할 수 있다. 다만, 목성이 거의 H와 He로 되어있다는 설이 옳다면 여기서 말한 이야기는 전혀 성립하지 않는다.

다른 거인 행성도 일반적으로 생각하는 것보다도 고온이라는 가능성은 있다. 그러나 목성보다 더 태양에서 떨어졌기 때문에 그다지 온도가 오르지는 않을 것 같다. 아마 목성만이 섭씨 0° 이상의 표면 온도를 가진 거인 행성으로 생각되고 있다.

이런 까닭으로 거인 행성 가운데 실제로 수권을 가진 것은 목성뿐인지도 모른다. 목성 전체를 덮고 있는 넓은 바다가 있고, 그 깊이는 윌트의 계산에 의하면 27,000㎞나 되는 셈이다.

한편, 금성의 표면도 온실효과 때문에 단순한 계산에서 예상된 것보다도 온도가 높다. 금성의 전파 관측으로부터 그 표면 온도는 물의 비등점보다 훨씬 높은 것을 알 수 있다. 그래서 금성의 표면은 바짝 말라 버려서 물은 모두 구름으로 하늘에 떠 있을 것이다.

공상과학소설의 세계에서 금성은 아주 바다로 덮여 있다는 것이 통설이었다. 그러나 이것은 행성에 대해서 틀리게 말했던 것 같다. 이런 풍경은 목성의 세계의 것이었던 셈이다.

목성에는 생명이 존재할 가능성이 있다

이 장의 첫머리에서 인용했던 세이건 교수는 목성의 바다에 대해서 고려하고,「지금으로 보아서는 목성에 생명이 존재할 가능성이 금성보다 조금 더 크다고 생각된다」고 말하고 있다.

이것은 과학자가 전문잡지에 쓰기에 참으로 어울리는 신중한 말이다. 그러나 전문가가 아닌 나는 목성의 바다에 대해서 좀 더 생생한 상상을 펴보아도 괜찮을 것 같다. 그러면 이제 해보기로 하자. 윌트의 계산을 채택한다면 목성의 바다는 터무니없이 큰 것이 된다. 지구의 바다의 50만 배나 되고 지구 전체의 부피의 620배나 된다. 이 바다는 지구 위에 생명이 싹트던 무렵에 지구를 둘러싸고 있던 것과 같은 대기에 싸여 있다. 간단한 화합물—CH_4, NH_3, 물, 녹아 있는 염류(鹽類)—은 지구상의 표준으로 생각하면 놀라울 정도로 대량으로 존재할 것이다.

유기물(有機物)이 생기기 위해서는 얼마간의 에너지가 필요하다. 우선 생각되는 것은 태양의 자외선(紫外線)이다. 목성에 내리쬐는 자외선의 세기는 앞서 말한 대로 지구의 1/25이다. 그러나 대기 속 깊숙이 들어올 수는 없다.

그래도 자외선이 무슨 작용을 하고 있다는 것은 확실한 것 같다. 왜냐하면 목성의 줄무늬가 보통 분자에 자외선이 부딪쳐서 생긴 유리(遊離)된 기(基, Radical)로 되어 있다고 짐작되기 때문이다. 대기의 쉴 사이 없는 폭풍우는 이들 '기'를 아래쪽으로 나르고, 거기서 자기가 가진 에너지를 방출해서 더 복잡한 화합물을 만드는 모양이다.

자외선이 에너지의 근원으로 제외되었더라도 2개의 근원이 남아 있다. 우선 하나는 번개이다. 짙은 수프 같은 목성의 대기 속에서 일어나는 번개는 지구상에서 오늘날 보는, 혹은 먼 과거에 있었던 것보다 훨씬 강력하고 연속적이었음에 틀림없다. 다음으로는 자연방사능(自然放射能)이 생각된다. 이는 반드시 있기 마련이다.

그렇다면 목성의 바다가 생명을 낳지 못한다고 말할 수 있을

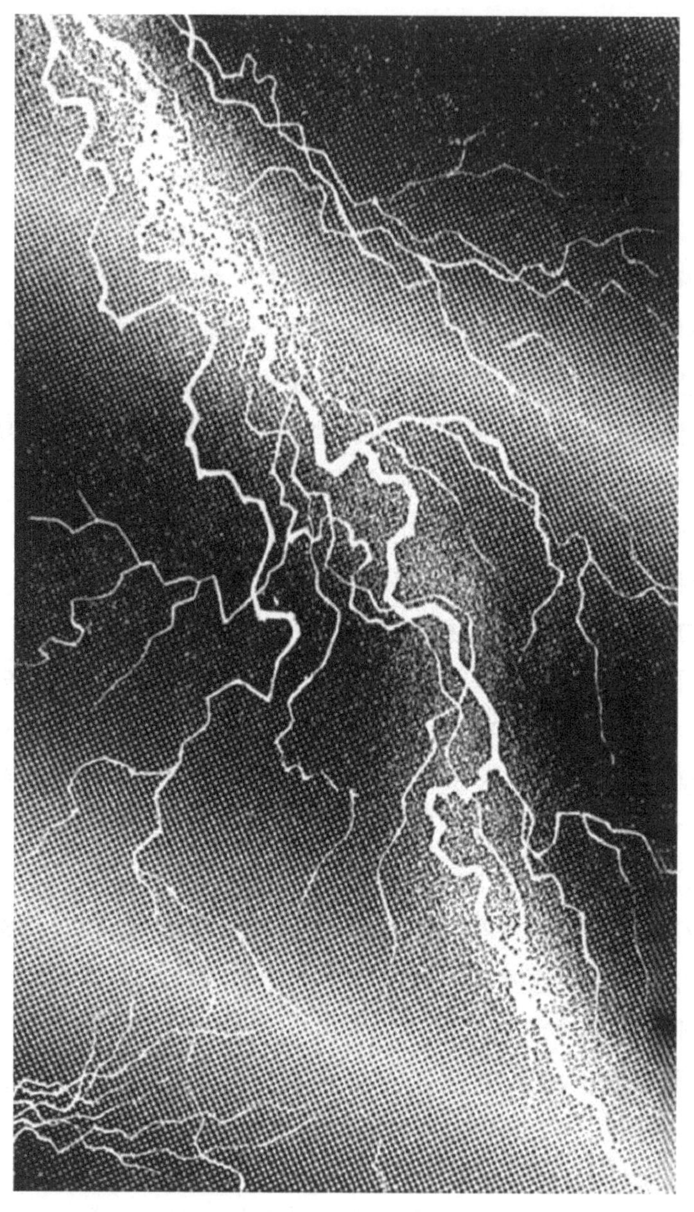

목성의 대기는 짙은 수프와 같고 연속적으로 번개가 친다

까? 온도는 적당하다. 재료는 있겠다. 에너지도 있으니 말이다. 만약 내가 상상했던 목성의 바다의 상태가 들어맞는다면 지구의 원시 바다에서 생명이 발생하는 데 필요했던 조건이 목성의 바다에도 모두 갖추어져 있는 셈이다. 지구의 경우보다 조건은 나을 지경이다.

목성 대기의 높은 기압이나 폭풍우, 목성의 강한 인력은 어떻게 할 셈이냐고 묻는 분도 있을 줄 안다. 폭풍우는 아무리 심한 것이라 해도 2만 7천 킬로미터나 깊은 바다 표면의 극히 일부를 교란할 뿐이다. 표면의 100m 아래나 그래도 걱정된다면 1㎞ 아래로 들어간다면 있는 것이라고는 느린 해류뿐일 터이다.

인력에 대해서는 잊어버려도 괜찮다. 바닷속에서는 부력이 인력을 상쇄해 버리기 때문이다.

반대론은 어느 것도 성립하지 않는다. 기체의 산소가 없다. 이것은 확실하지만, 지구상에 처음으로 생명이 싹틀 무렵에도 그랬었다. 현재 지구상에도 산소 없이 살아갈 수 있는 생물이 존재한다.

그러면 처음의 질문을 다시 되풀이해 보자. 물론 지구를 제외해서지만, 태양계 안의 어느 행성에 생명이 발견될 가능성이 제일 큰가?

이제 그것은 「목성!」이라고 나는 생각한다.

목성의 바다의 어획물은 크다

물론, 목성의 생물은 아주 고독하다. 그들이 사는 바다는 넓지만, 훨씬 더 넓은 우주를 그들은 알 길이 없다.

만약 인류와 같은 정도의 지성을 가진 생물이 있었다고 해도 그 고독을 깨뜨릴 수는 없으리라. 더욱이 바다의 생물은 지성을 발달시킬 수 없다는 설도 있다. 지적당하기 전에 말해 두지만, 돌고래의 조상은 육지에 살고 있었다.

인류와 같은 지성을 가지고서도 목성의 바다와 폭풍우가 소용돌이치는 수프 같은 대기를 뚫고, 강한 인력에 거슬러서 목성의 제일 안쪽 위성까지라도 다다른다는 일은 어림없어 보인다. 따라서 거기서부터 우주를 관측하는 것도 불가능하다.

또 목성의 생명이 목성의 바닷속에 머물러 있는 한 밖의 우주로부터는 거의 아무런 신호도 전해지지 않는다. 다만, 어디서 오는지도 모르는 열의 흐름과 태양 및 다른 몇 개 점으로부터 들어오는 마이크로파의 전파가 있을 따름이다. 다른 아무 정보 없이는 전파가 설사 수신되었더라도 그것이 무엇을 뜻하는 것인지 해독하기는 불가능하리라.

그러나 슬픈 일만 생각하고 있지 말고 하나 즐거운 이야기로 끝을 맺어 보자.

만약 목성의 바다에 지구의 바다와 같은 비율로 생물이 산다면 무게로 쳐서 바다 7만 분의 1이 생물이라는 이야기가 된다. 따라서 목성의 바다에 있는 생물은 전체가 달의 무게의 1/8이나 된다. 이것은 대단한 어획을 기대하게 한다.

만약 목성에 갈 수 있다면 얼마나 좋은 어장이 우리를 기다리고 있을 것인가.

지구의 인구 폭발에 즈음해서 하나만 생각해 둘 문제는…… 아니 참, 여러분은 목성의 생물을 먹을 수 있으리라고 생각하십니까?

4장 시간과 조석의 간만

—창세기(創世期)에는 하루가 10시간 정도였다는 이야기

그것은 지중해를 건넜을 때 알려졌다

우주를 과학적으로 설명하려면 상식과는 정반대가 되는 일이 많이 생겨난다. 나는 그런 문제의 설명을 여러 기회에 하느라고 아주 익숙해졌다.

이를테면 빛이 어떤 때는 파동이고 다른 때는 입자라는 것을 10가지가 넘는 틀린 예를 써서 각각의 방식으로 설명했었다.

나에게 이 이야기를 시키면 청산유수처럼 너무도 잘하기 때문에 파티 석상에서 「아시모프에게 파동과 입자의 이야기는 전혀 묻지 마세요」라는 귓속말이 퍼지기도 한다.

그래서 아무도 묻는 사람이 없다. 잔뜩 포식한 나는 설명을 시작하고 싶어서 근질근질할 지경이다. 그런데 질문을 걸어오는 사람은 나타나지 않는다. 내게는 형편없는 파티가 되고 만다.

그런데 간단한 것을 가지고 설명에 궁해서 꼼짝 못 하는 수도 있다. 언젠가 나는 달에 관한 자그마한 책을 썼는데, 그 속에서 매일 2회씩 밀물이 일어나는 까닭을 설명할 참이었다.

간단하지, 간단해, 나는 히죽 웃으면서 타자기를 치기 시작하려고 했다.

조금 지나니까 웃음은 사라지고 이마에 땀이 배기 시작한다. 결국은 교묘한 설명을 찾아냈지만, 오늘은 다른 방식을 시도하는 걸 허락하기 바란다. 나는 내 능력을 연마해야 한다.

밀물, 썰물이 왜 일어나는지에 대한 문제는 오랫동안 사람들을 신기하게 느끼게 하였다. 나는 자주 고대 그리스 사람의 이야기로 시작을 하지만 그들은 다르다. 그리스 사람은 지금도 그렇지만 지중해 연안에 살고 있었다. 이 바다는 조석의 간만이 그다지 눈에 띄지 않았다. 그 까닭은 거의 육지에 둘러싸여

조석의 간만은 그리스의 탐험가를 놀라게 했다

있기 때문에 밀물이 지브롤터 해협을 통해서 들어오는 데 시간이 걸려서 그동안에 썰물 시간이 되어 버리기 때문이다.

그러나 기원전 325년경에 지중해에서 대서양으로 모험을 하는 그리스 탐험가가 있었다. 그것은 마살리아(지금의 마르세유)의 피테아스였다. 대서양에서 그는 조석의 간만을 경험했다. 해면은 매일 2회 높이 오르고, 그사이에 매일 2회 낮게 내렸다. 피테아스는 이 현상을 주의 깊게 관찰했다. 틀림없이 대서양 연안에 살고 조석의 간만을 당연한 일로 생각하던 주민들도 피테아스를 도왔을 것이다.

그가 발견한 가장 중요한 것은 만조 때와 간조 때의 해면의 높이 차가 언제나 같지는 않다는 사실이다. 매달 2회, 간만의 차가 심할 때(사리)가 있고, 매달 2회 간만의 차가 비교적 적을 때(조금)가 있었다.

2000년 동안 믿어지지 않았던 달의 영향

그는 또 사리와 조금이 달의 크기의 변화와 관계가 있다는 것을 깨달았다. 사리는 삭(朔, 음력 초하루)과 망(望, 보름달) 때 일어나고, 조금은 그사이의 반달일 때에 일어나고 있었다. 그래서 피테아스는 달이 조석의 간만을 일으키고 있다는 설을 내세웠다. 후세의 그리스 천문학자 가운데는 그의 설을 인정한 사람도 있었지만 대체로 이 생각은 2000년 동안 햇빛을 보지 못했다.

옛날 사람은 달이 농작물의 성장을 좌우하거나 사람을 옳게 또는 미치게 만들고 혹은 늑대로 변하게 하고, 유령이나 도깨비를 만나게 한다는 미신을 가지고 있었다. 그런데도 달이 조석의 간만과 관계가 있다는 사실은 깨닫지 못했다.

생각이 깊은 학자들이 달과 조석의 연관을 거론하지 않았던 이유는 조석의 간만이 매일 2회씩 일어난다는 데 있었지 않았는가 짐작한다.

달이 하늘 높이 떠 있을 때 만조가 있다는 것은 뜻이 있어 보인다. 달이 불가사의의 힘으로 자신의 쪽으로 끌어당기고 있다고 설명할 수 있기 때문이다. 고대나 중세의 사람은 누구나 그런 힘이 무엇인가를 알지 못했지만, 여하튼 「공명 인력(共鳴引力)」이라고나 이름 지었을 것이다. 달의 바로 아래의 점에서 해수가 솟아오르고 있다면, 지구의 자전으로 그 근처에 온 지구상의 점에서는 만조가 되어 그 점에서 멀어지면 간조가 된다.

그런데 12시간 남짓 지나면 다시 만조가 일어난다. 이때 달은 하늘의 어디에도 보이지 않고, 지구의 반대쪽, 즉 발밑 방향에 있다. 만약 달이 바닷물을 자신 쪽으로 끌고 있다면 거기서는 해면이 제일 낮아지고 있어야 할 터이다.

만약 달이 지구가 달을 향한 쪽에서는 공명 인력을, 반대쪽에서는 공명 척력(斥力)을 미치고 있다면 지구의 양쪽에서 바닷물은 솟아오를 것이다. 지구가 1회 자전하는 사이에 해변의 한 점은 이들 2개의 솟아오름을 통과하여 하루 2회의 만조와 그 중간에서 2회의 간조가 일어나는 셈이 된다.

달이 지구상의 어느 장소에는 인력을, 동시에 다른 장소에는 척력을 미치고 있다는 생각은 받아들이기 어려웠을 것이 틀림없다. 실제로 근세 초기 대부분의 학자는 이런 생각을 받아들이지 않고 달이 조석의 간만의 원인이 된다는 설이 점성술(占星術)다운 미신에 지나지 않는다고 생각하고 있었다.

만유인력의 법칙으로 조석을 해명한다

예를 들어 1600년대 초에 **케플러**(Johannes Kepler 1571~1630, 행성 운동의 법칙을 발견한 것으로 유명)는 달이 조석에 영향을 준다는 생각을 주장했지만, 진지한 **갈릴레이**(Galileo Galilei, 1564~1642)는 이것을 웃어버리고 말았다. 케플러는 점성술사이기도 했고, 달과 행성이 지구상의 모든 사건에 영향을 미치고 있다고 믿고 있었지만, 갈릴레이는 이런 경향이 전혀 없었던 모양이다. 갈릴레이는 지구의 회전 때문에 해면이 흔들리는 현상이 조석의 간만이라고 생각했지만, 이는 잘못이다.

최종적인 결론을 내린 것은 **뉴턴**(Isaac Newton, 1642~1727)이다. 1685년 그는 만유인력의 법칙을 발표했는데 이 법칙에서 달의 인력이 지구에 영향을 미치고 있으며, 또 조석의 간만이 그 결과인 것이 밝혀졌다.

그러나 하루에 2회씩 간만이 일어나는 이유는 무엇일까. 「만유인력」은 「공명 인력」과 어떻게 다르기 때문에 지구의 반대쪽에서도 해수를 들어 올릴 수 있는 것일까? 거기서는 해수가 달과 반대 방향으로 움직이고 있지 않은가? 달은 역시 척력을 미치고 있는 것이 아닐까?

뉴턴은 만유인력의 작용이 거리에 따라서 어떻게 달라지는가를 밝혔다. 여기에 문제 해결의 열쇠가 숨어 있는 것이다.

만유인력은 거리의 2제곱에 반비례한다. 이것은 거리가 커질수록 인력이 약해짐을 나타내고 있다. 더 정확하게 말하면 거리가 x배가 되면 인력은 $1/x^2$배가 된다.

달과 지구의 경우에 대해서 좀 계산을 해 보자. 달의 중심과 지구 표면상에서 가장 달에 가까운 점의 거리는 평균 378,000㎞이다. 지구 표면상 가장 달에서 먼 점의 거리는 여기에 지구의 지름 13,000㎞를 더해서 391,000㎞가 된다.

달에 가장 가까운 점의 거리를 1로 한다면 달에서 가장 멀리 떨어진 점의 거리는 391,000을 378,000으로 나누어 1.034가 된다. 거리가 1.000에서 1.034로 늘어나면, 인력은 1.000에서 0.935(이 값은 1.034의 2제곱 분의 1이다)로 줄어든다.

즉, 지구의 달 쪽과 반대쪽이 받는 인력에 6.5%의 차이가 있는 셈이다. 지구가 말랑말랑한 고무로 되어 있다고 상상해 보자. 그러면, 지구의 각 부분은 달의 인력에 의해 달의 방향으로 끌리지만 어느 만큼 끌리는가는 장소에 따라 다르다.

달에 제일 가까운 부분은 가장 크게 끌린다. 거기서부터 지구 속을 통하여 반대쪽까지 가기로 한다면, 달에 끌리는 양은 점점 적어진다. 지구 위에서 달의 정반대되는 쪽은 끌리는 양이 가장 적다.

그래서 지구에는 2개의 볼록 부푼 곳이 생기는 셈이다. 하나는 지구 표면상 달에 가장 가까운 점이고, 그 장소가 가장 강하게 끌리기 때문에 생긴다. 또 하나는 지구 표면상, 달에서 가장 멀리 떨어진 점에 있고, 다른 부분이 더 강하게 끌림으로써 처져 남게 되기 때문에 생긴다.

장거리 경주를 상상해 보자

이것이 이상하다고 하면서 납득해 주지 않을 독자를 위하여 하나의 예를 들어 보자. 장거리 경주의 출발 직후로 선수들이 한 무리가 되어 있는 장면을 우선 상상하기 바란다. 모두 결승점을 향하여 달리고 있다. 이것은 어떤 「힘」이 그들을 결승점으로 끌고 있기 때문이라고 생각할 수 있다. 그러다가 빠른 선수는 집단의 앞쪽으로 나서고, 느린 선수는 뒤로 처지게 된다. 오직 하나의 「힘」, 즉 결승점으로 향하는 「힘」이 모든 선수를 끌고 있지만, 「볼록」이 2개 생기고 만다. 하나는 힘의 방향, 즉 결승점을 향한 볼록이고, 또 하나는 이와 정반대의 방향으로 뛰쳐나온 볼록이다.

실제로는 지구의 고체 부분이 달의 영향으로 변형을 받는 것은 극히 작다. 그 까닭은 강한 분자력(分子力)으로 뭉쳐 있기 때문이다. 액체 부분, 즉 바다는 분자력이 훨씬 약하기 때문에 상당히 변형을 일으켜 2개의 조석의 「볼록」이 생긴다. 그중 하나는 달을 향하고 있고, 다른 하나는 달과 정반대 쪽을 향해서 삐져 나간다.

어느 해안을 생각해 보자. 지구가 자전하고 있으므로 그 장

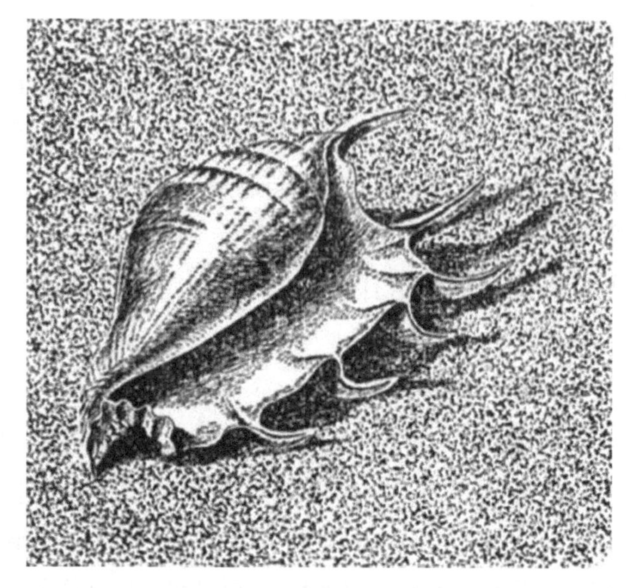

앞으로 나오는 것, 뒤처지는 것, 그것이 조석이다

소는 조석의 볼록 하나를 통과하면 반일 뒤에는 또 하나의 조석 볼록을 통과한다는 식으로 지구가 1회전 하는 동안에—즉, 하루 동안에—2회의 만조가 있고, 그 중간에서 2회의 간조가 일어난다.

만약 달이 움직이지 않는 것이라면, 조석의 볼록은 언제나 같은 장소에 있고 만조는 꼭 12시간을 사이에 두고 일어날 터이다. 그러나 달은 지구 둘레를 공전하고 있다. 조석의 볼록도 이에 따라서 회전한다. 회전의 방향은 지구 자전의 방향과 같다. 지구상의 어떤 점이 조석의 볼록 하나를 통과하고, 또 하나의 볼록으로 향하고 있는 동안에 그 볼록도 조금 앞으로 돌아가기 때문에 이것을 따라잡으려면 12시간에 더해 반 시간에 상당할 만큼 지구가 자전해야 한다.

만조에서 다음 만조까지의 평균 시간은 12시간 25분, 다음 다음의 만조까지는 평균해서 24시간 50분이다. 즉 만조의 시각은 매일 1시간 가까이 늦어진다.

조석의 간만에는 태양도 영향을 준다

그런데 사리와 조금이 있는 이유나 조석과 달 크기의 변화의 관계는 어떨까?

이 문제에 답을 내려면 태양을 고려해야 한다. 태양 역시 지구에 인력을 미치고 있다. 2개의 천체가 지구를 끌고 있을 때 각각의 천체로부터의 영향을 비교하면, 인력의 세기는 천체의 질량(무게)에 정비례하고, 거리의 2제곱에 반비례하고 있다.

계산을 간단히 하기 위해서 달의 질량을 질량의 단위로, 지구와 달의—중심 간의—평균 거리를 거리의 단위로 쓰기로 하자. 그러면 달의 질량은 1, 달의 거리도 1이다. 달의 인력 세기는 1에 1의 2제곱 분의 1을 곱한 답인 1이 되는 셈이다.

태양의 질량은 달의 2700만 배, 태양의 거리는 달의 389배가 된다. 즉, 지금 정한 단위를 쓰면 태양의 질량은 2700만, 거리는 389가 되는 셈이다. 태양 인력의 세기는 2700만에 389의 2제곱 분의 1을 곱해서 178이 된다. 즉, 태양은 달의 178배의 힘으로 지구를 끌고 있다. 태양도 또 조석의 간만을 일으키고 있음이 틀림없다. 실제도 그렇고, 지구의 태양을 향한 쪽과 그 반대쪽에는 조석의 볼록이 생기고 있다.

삭(초승달)일 때는 지구에서 보아 달과 태양은 같은 쪽에 있고, 같은 방향으로 인력을 미치고 있다. 달과 태양이 만드는 조석의 볼록은 합쳐져서 만조와 간조의 차가 커진다.

보름달일 때는 지구에서 보아 달과 태양이 정반대의 위치에 있다. 그러나 달이나 태양이나, 자기에 가까운 쪽과 그 반대쪽에 조석의 볼록을 만들고 있다. 그래서 태양 쪽의 볼록은 달의 반대쪽 볼록과 겹치고, 태양의 반대쪽 볼록은 달 방향의 볼록과 겹치게 되어 삭일 때와 마찬가지로 만조와 간조의 차가 커진다.

이 까닭으로 사리는 삭(朔)과 망(望, 보름달)일 때 일어난다.

반달 때는 지구-태양-달이 직각삼각형을 이루고 있다. 태양이 지구의 오른쪽에 있고, 우측과 좌측에 조석의 볼록을 만들고 있다고 생각하면, 달은 지구의 위쪽, 또는 아래쪽에 있고, 위쪽과 아래쪽에 조석의 볼록이 생기고 있다.

그래서 태양이 만든 조석의 볼록과 달이 만든 조석의 볼록은 서로 상쇄하는 셈이 된다.

달의 영향으로 생기는 간조는 태양에 의한 만조로 반 정도 묻혀버려서 간만의 차는 작아진다.

이런 까닭으로 조금은 반달 때에 일어난다.

조석을 일으키는 힘을 셈한다

태양으로 인해 일어나는 간만의 차는 달에 의한 것보다도 작다. 태양은 달의 영향을 약하게 할 수는 있어도 전혀 없애버리지는 못한다. 앞에서 태양의 인력이 달의 178배라고 하였다. 그런데도 왜 달의 영향 쪽이 클까?

그 답은 인력 그 자체가 아니라 인력의 차가 조석의 간만을 일으키고 있기 때문이라는 것이다. 어느 천체가 지구상에서 그 천체의 방향에 있는 부분과 이와 반대쪽에 있는 부분에 미치는 인력의 차는 천체의 거리가 커지면 아주 완벽히 줄어든다.

태양의 경우를 계산해 보자. 태양 중심에서 지구의 태양 쪽 표면까지는 149,593,600㎞, 그 반대쪽까지는 149,606,400㎞가 된다. 처음 것을 1로 하면 뒤에 있는 것은 1.00008이 된다. 인력의 크기는 1.00008의 2제곱 분의 1, 즉 0.99984이다. 달의 경우, 지구의 달 쪽과 반대쪽이 6.5%나 인력이 달랐지만, 태양의 경우는 0.016%밖에 다르지 않다. 앞의 계산에서 달의 인력을 1로 하면 태양의 인력은 178이 됨을 알았다. 이 값들에 지금 구한 %를 곱하면 달은 6.5, 태양은 2.8의 비율이 된다. 이 비율, 즉 1:0.43이 달과 태양이 조석을 일으키는 힘의 차이다.

조석에 대해서 달의 영향이 태양의 2배 이상인 것을 이제 알 수 있다. 인력의 크기 그 자체는 태양 쪽이 훨씬 크지만 조석의 볼록을 만드는 원인이 되는 인력의 차를 계산해 보면 이런 결과가 얻어진다.

조석을 일으키는 힘을 간단히 계산하는 방법은 천체의 질량을 그 천체까지의 거리의 3제곱으로 나누는 것이다. 이 방법으로 달과 태양의 경우를 다시 한 번 계산해 보자. 앞서 달을 단위로 해서 재는 방식에 의하면 달이 조석을 일으키는 힘은 1을 1의 3제곱으로 나누어 1이 된다. 태양에 대해서는 27,000,000을 389의 3제곱으로 나누어서 0.46이 된다. 앞서 구한 0.43이란 값은 도중의 계산 오차가 들어 있으므로 이 0.46쪽이 옳다.

이 계산법을 이용하면 달과 태양 이외에는 지구에 조석의 간만을 일으킬 만한 천체가 없다는 것도 간단히 알 수 있다. 비교적 큰 천체로 달 다음에 지구에 가까워지는 천체는 금성이다.

그 질량은 달의 66배, 약 1년 반마다 지구에서 41,000,000㎞, 즉 달의 거리의 108배까지 가까워진다. 이 경우 조석을 일으키는 힘은 달을 1로 하여 66을 108의 3제곱으로 나눈 0.000052란 적은 것이다.

옛날에 하루는 10시간 정도였다

조석은 시간에 영향을 주고 있다. 하루의 길이를 24시간으로 한 것은 조석의 간만이다. 지구가 자전하고 있기 때문에 조석의 볼록 부분은 지구 위를 옮겨 간다. 그래서 얕은 바다의 밑바닥을 비빈다. 베링해(Bering Sea)와 아일랜드해(Irish Sea, 잉글랜드와 아일랜드의 사이)에서 특히 이 현상이 두드러진다고 한다. 그 때문에 지구 자전의 에너지는 마찰열(摩擦熱)로서 방출되고 만다. 지구 자전의 에너지는 터무니없이 크기 때문에 이렇게 방출되는 분량은 1년이나 1세기 같은 기간에는 거의 문제될 분량에 달하지 않는다. 그러나 이 때문에 조금씩 지구의 자전은 느려지고 하루의 길이가 늘어나고 있다. 그 비율은 10만년 지나면 하루가 1초만큼 길어질 정도라고 한다.

이것은 우리 생활 시간의 척도에서 생각하면 문제가 되지 않지만, 지구가 생긴 후 50억 년이 지났으므로 그동안에 꾸준히 이런 비율로 하루가 늘어나고 있었다면 지구가 갓 태어났을 무렵의 하루는 10시간 정도였던 셈이다. 아니, 실제는 더 짧았을지도 모른다. 왜냐하면, 먼 옛날에는 조석의 영향이 지금보다도 컸었다는 추측이 성립하기 때문이다.

회전하고 있는 물체는 각운동량(角運動量)이란 것을 가지고 있다. 각운동량의 크기는 회전속도에 비례한다. 지구의 하루가 늘

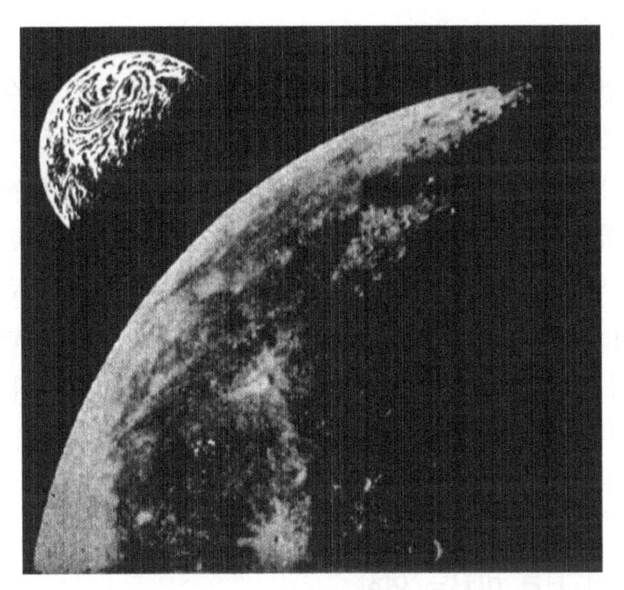

조석의 영향으로 지구의 자전은 느려지고 달은 멀어진다

어나면, 즉 자전이 느려지게 되면 그만큼 각운동량이 줄어드는 셈이 된다. 지구에서 상실된 각운동량은 그대로 달로 옮겨간다. 즉 달의 공전의 각운동량이 그만큼 늘어나는 셈이 된다. 공전의 각운동량은 공전의 각속도(角速度)에 비례하고 지구에서 달까지 거리의 2제곱에도 비례한다. 결론을 말하면 달의 공전의 각운동량이 는다는 것은 달이 지구로부터 멀어진다는 것이다. 달이 멀어지면 공전의 각속도는 작아진다. 그러나 그보다도 거리의 2제곱 쪽의 효과로 각운동량이 커지는 것이다.

꽤 이야기가 복잡해졌지만 결국 조석의 영향으로 지구의 자전은 느려지고 달은 멀어진다고 말할 수 있다.

도대체 지구의 자전은 어디까지 느려질 것일까? 완전히 멎어버리는 것이 아니라 더 느려지지 않을 한계가 있다. 그것은 지구의 자전과 달의 공전의 각속도가 같게 되어 지구가 언제나 같은 면을 달로 향하고 있는 상태이다. 그렇게 되면 조석의 볼록 부분은 언제나 지구 위의 같은 장소에 생기게 되고, 마찰열의 형태로 에너지가 상실되는 일이 없어진다. 그 상태에서 지구의 하루는 지금의 50배 이상으로, 달의 공전주기는 현재 공전주기의 약 2배가 된다. 그렇게 된 경우에도 태양으로 인한 조석의 간만은 일어나고 있으면, 조석의 볼록 부분이 1년에 약 7회 지구를 돈다. 이때는 하루가 지금의 50일 이상이 되었으므로 1년은 약 7일에 해당한다. 그러나 그것은 생각하지 않기로 하자.

행성이 서로 미치는 영향

만약 지구에 바다가 없었더라도 조석의 마찰과 마찬가지로 지구의 자전이 느려지는 현상이 일어날 것이다. 그것은 지구의 고체 부분도 조석을 일으키는 힘에 의한 변형(變形)을 조금이나마 받고 있기 때문이다.

달에서는 실제로 그런 일이 일어나고 있다. 달에는 바다가 없지만, 지구의 인력으로 조석을 일으키는 힘의 영향을 받아온 셈이다. 지구는 달의 81배의 질량이 있다. 그렇다면, 달이 지구에 미치는 영향의 81배 되는 영향을 지구가 달에 미치고 있는가 하면 그렇지는 않다. 달은 지구보다 작아서 거리의 차도 작기 때문이다. 자세한 계산은 빼고, 내가 계산한 결과만을 알려 두기로 한다. 달이 지구에 미치고 있는 영향을 1.00이라 하면, 지구가 달에 미치고 있는 영향은 32.5이다.

달은 지구로부터 32.5배나 되는 조석을 일으키는 힘을 받고

〈표 10〉

해왕성이	트리톤에	720
토성이	티탄에	225
목성이	칼리스토에	225
목성이	가니메데에	945
목성이	에우로파에	145
목성이	이오에	5,660

질량 또한 작다. 따라서 자전의 에너지도 작으므로 자전의 에너지를 상실하여 언제나 같은 면을 지구로 향하게끔 되어 버렸다.

태양계 내의 다른 행성을 돌고 있는 위성 가운데, 달보다도 큰 조석을 일으키는 힘의 영향을 받는 것은 달보다 훨씬 크고 큰 자전의 에너지를 가진 것이 아니라면, 역시 중심 행성에 같은 면을 언제나 향하게 되었으리라고 상상할 수 있다.

사실 태양계 중에는 달과 거의 같거나 달보다 큰 위성으로 지구보다도 꽤 큰 행성의 둘레를 돌고 있는 것이 6개 있다. 〈표 10〉에서 보는 것처럼 이 위성들은 매우 큰 조석을 일으키는 힘을 받고 있다. 표에 나타낸 숫자는 달이 지구에 미치는 영향을 1.00으로 한 것이다.

이 위성들이 언제나 같은 면을 중심 행성으로 향하고 있음은 의심할 여지가 없다.

이 역(逆)은 어떨까? 즉, 이 위성들이 중심 행성에 미치고 있는 영향은 어떨까?

〈표 10〉의 6개 위성 가운데 이오와 트리톤이 중심 행성에서 특히 가까운 거리에 있다. 이오는 목성에서 42만 킬로미터 떨

어져 있고, 트리톤은 해왕성에서 36만 킬로미터 떨어져 있다. 조석을 일으키는 힘은 거리의 3제곱에 반비례하므로 거리가 조금만 커져도 영향은 훨씬 줄어든다. 그래서 중심 행성에 특히 가까운 이 2개에 대해서만 생각해 보기로 하자.

작은 위성의 큰 힘

목성-이오와 해왕성-트리톤을 비교해 보면 목성 쪽이 해왕성보다 훨씬 더 크다.

따라서 인력의 차는 목성-이오 쪽이 크고, 〈표 10〉에 있는 6개의 쌍에서 중심 행성에 가장 큰 조석을 일으키는 힘을 미치고 있는 것은 목성-이오의 쌍으로 생각된다. 어느 정도인지 계산해 보기로 하자.

내 계산에 따르면 달이 지구에 주는 영향을 1로 할 때, 이오의 목성에 대한 영향은 30이다.

이것은 꽤 큰 값이다. 목성에 비해 이오처럼 매우 작은 위성이 목성에 이렇게 큰 영향을 주고 있다고는 얼핏 상상하기 힘들다.

이오가 목성에 미치는 영향은 지구가 달에 주고 있는 영향과 거의 같은 셈이다.

달에 대한 지구의 영향으로 달의 자전은 지구에 얼어붙은 꼴이 되었지만, 목성에 대한 이오의 영향으로 목성의 자전이 느려지리라고 생각되지 않는다. 목성은 달보다 훨씬 질량이 크고 큰 자전 에너지를 가지고 있기 때문이다.

같은 분량만큼씩 자전의 에너지를 잃어가고 있더라도 달은 자전이 지구로 얼어붙어 버리지만, 목성 쪽은 거의 자전 속도가 변치 않는다. 사실 목성은 1회전에 10시간이란 속도로 자전하고 있다.

그런데 자전을 느리게 하는 이외에도 조석을 일으키는 힘의 영향을 생각할 수 있다. 최근 목성으로부터 이오의 공전과 같은 주기로 전파가 나오고 있는 것이 관측되었다. 많은 천문학자가 이것을 설명할 이론을 발표하였지만 나는 이것들을 옳게 이해하고 있는지 어떤지 자신이 없다.

나는 천문학의 전문가가 아니니 말이다.

이런 이론에서는 목성을 둘러싸고 있는 두꺼운 대기에 대한 이오의 조석을 일으키는 힘의 영향이 고려되어 있음이 분명하다. 이 힘이 대기의 난류에 따라서 전파의 발생과 관계하고 있을 터이다. 만일 아직 아무도 이 일을 깨닫지 않고 있다면 나는 이 아이디어를 누구든지 무료로 써도 좋다고 생각한다.

금성과 수성은 태양에 얼어붙었는가

또 하나 의론해야 할 것이 남아 있다. 지구상에서 조석의 간만에 대한 태양의 영향을 조사하니 그것이 달의 0.46배와 같이 그다지 크지 않음을 알았다. 조석을 일으키는 힘은 거리의 3제곱에 반비례하므로 지구보다도 바깥쪽의 태양에서 먼 행성에 대한 태양의 영향은 거의 문제가 되지 않을 것이다.

지구보다도 태양에 가까운 금성과 수성에 대한 영향은 어떨까?

나의 계산에 의하면 태양이 금성에 미치고 있는 영향은 1.06이고, 수성에는 3.77이 된다.

이들은 어중간한 숫자이다. 달이 지구에 미치는 영향(그것은 지구의 자전을 얼어붙게 하지는 못한다)보다는 크고 지구가 달에 미치는 영향(그 때문에 달의 자전은 지구에 얼어붙어 버렸다)보다는 작다.

그래서 금성과 수성의 자전은 지금 한창 느려지고 있는 도중이고, 아직도 최종적인 단계까지는 다다르지 못했다고 상상해도 좋은 것이 아닐까.

그러나 오랫동안 이 행성들의 자전은 이미 태양으로 얼어붙었다고 생각되었다. 금성의 경우 이는 단순한 추측이었다. 그 까닭은 금성이 두꺼운 구름에 덮여 있어서 표면의 무늬가 하나도 안 보이고, 자전의 양상을 확인할 만한 관측이 이루어지지 못했기 때문이다. 수성의 경우는 희미하기는 하지만 무늬가 스케치되었고 그것을 바탕으로 수성은 언제나 같은 면을 태양으로 향하게 하고 있다고 짐작되어 왔다.

그런데 최근에 와서 금성과 수성도 천천히 자전하고 있음이 밝혀졌다. 뒤늦게 하는 이야기 같지만 조석을 일으키는 힘의 값으로부터 상상되는 바와 일치하고 있다고 할 수 있다.

5장 대운석 낙하의 공포

—노아의 홍수도 대운석으로 인해 일어났다는 이야기

조각난 공상의 세계

공상과학(SF)소설 작가들의 솜씨는 요사이 와서 어딘지 시원치 못한 것 같다. 이미 매리너 2호가 금성 표면 온도는 얼마인지에 대한 답을 내고 말았다. 그것은 물이 끓는 온도보다 훨씬 높은 것이었다.

SF소설의 무대 가운데 가장 훌륭한 것인 몇 개가 이것으로 사라져 버렸다. 연배가 높은 사람들은—나도 그중의 하나지만 와인바움(Weinbaum)의 『기생식물(寄生植物)의 행성』에 나오는 습도가 높은 늪의 세계를 즐겁게 상기할 터이다. 이러한 공상은 이제 끝장이 나버렸다. 나 자신도 몇 핸가 전에 금성을 무대로 한 『행운한 스탈과 금성의 바다』란 짧은 소설을 쓴 일이 있다. 이에 의하면 금성의 표면은 하나의 거대한 대양(大洋)으로 되었으며, 그 비교적 얕은 부분의 해저에 지구의 도시가 건설되어 있었다……. 그러나 이제 와서는 이것도 덧없는 꿈에 지나지 않는다.

이어서 매리너 4호가 화성에도 달과 마찬가지로 환상(環狀)의 산—화구(火口, Crater)—이 있음을 발견했다. 하지만 운하는 발견되지 못했다.

이는 아무도 예상치 못한 일이다! 화성에 화구가 존재한다고 썼던 공상과학소설을 나는 하나도 모른다. 운하는 나왔지만, 화구는 아니(No)었다! 나 자신도 화성에 관한 이야기를 몇 개 썼고 거기에는 판에 박힌 듯이 운하를 등장시켰다. 다만, 거기에 물을 채워놓지는 않았지만 말이다. 운하를 채울 만큼의 물이 있을 수 없음을 잘 알고 있었기 때문이다. 그러나 운하는 써넣었지만, 화구가 있다고 쓴 것은 하나도 없었다.

그런데 매리너 로켓이 보내온 여러 사진에 의하면 화성의 표면에는 달과 마찬가지로 화구가 허다하게 있었다.

SF소설가의 자존심에 다행이었던 일은 천문학자라 해도 별로 큰소리칠 수 없었다는 사실이다. 내가 아는 범위로는 누구 하나 금성의 마이크로파(Micro波, 極超短波)에 의한 관측이 자세하게 분석되기까지는 금성이 수성과 같은 고온의 세계였으리라고 말한 사람이 없었다. 또, 화성에 화구가 있다는 것을 추측했던 천문학자도 극히 드물었다.

화성의 화구를 둘러싼 2개의 추리(推理)

화성 표면의 사진이 처음으로 발표되었을 때, 신문은 화성에 생명이 존재하지 않음이 밝혀졌다고 써댔다. 사실 화성에 생명이 있다고 열심히 주장한 사람들을 북돋아 줄 만한 것은 아무것도 찍혀 있지 않았다. 그러나 연구가 진행하는 데 따라서 그다지 낙심할 필요도 없는 것이 알려지게 되었다.

물론 사진에 생명의 존재를 직접 나타내는 증거가 찍혀 있지 않다고 해서, 그것만으로 결론을 내릴 수는 없다. 기상위성(氣象衛星)의 어떤 것은 매리너 4호가 화성의 사진을 찍은 것과 같은 정도의 거리에서 지구의 사진을 송신해 오고 있지만, 그것으로부터 생명의 존재를 알아낼 수는 없다. 인간이 건설한 물체가 제대로 알려지지 않을 뿐만 아니라, 아무 생명의 존재도 확인할 수 없을 것이다. 지구의 경우, 우리는 그 사진의 어디를 어떻게 조사해야 좋은지 잘 알고 있는데도 말이다.

화성에 생명이 존재하지 않는다는 근거로서 더 세밀한 논의를 끄집어내는 사람도 있다. 그것은 이렇게 많은 화구가 존재하는 것은 화성 위에 아직 충분한 공기나 물이 존재한 일이 없었기 때문이며, 만약 공기나 물이 있었다면 화구는 침식되어 원형이 남지 않았을 터이기 때문이다, 라고 하는 것이다. 화구가 있다는 것은 화성이 오랫동안 건조한, 거의 공기가 없는 세계였다는 것을 나타내고 있다. 이러한 환경에서 생명이 발생하고, 진화(進化)해 나갔다고는 생각하기 힘들다.

이런 주장에 대해서 생명파(生命派) 사람들은 곧 반격에 나섰다. 화성은 달과 비교하면 소행성대(小行星帶)에 훨씬 가깝다. 소행성은 아마도 행성이나 달에 부딪혀 화구를 만드는 물체의 재료로 생각된다. 계산에 의하면 화성에는 달의 25배나 많은 화구가 있어야 하는 셈이 된다. 그런데 실제는 달과 같은 정도밖에 없다. 나머지는 어떻게 되었을까?

침식되어 버린 것이다.

그렇다면 현재 화성에 있는 화구는 비교적 새로운 것으로 아직도 침식이 진행되지 않은 것이 된다. 침식이 진행되는 속도가 항상 같다고 가정하면 우리가 보고 있는 화성의 화구는 화성 역사의 최근 1/6—즉 6~7억 년 동안에 생긴 것이 되는 셈이다.

그 이전에는 어떠했는지 우리는 아직 아무것도 모른다. 물이 지금보다도 다량으로 있었고 생명이 발생할 수 있었는지도 모른다. 만약에 그렇다면, 화성의 생명은 극히 완강해서 노천의 백골처럼 되어 가고 있는 현재의 화성 표면에서도 살아남았을 가능성도 없는 것은 아니다.

그러나 아마도 그런 일은 없을 것이다. 그 후 화성 로켓이 보내온 자료에 의하면 화성은 훨씬 더 혹독한 세계임이 밝혀졌다. 이를테면 온도가 이전에 생각한 것보다도 상당히 낮다는 것이다. 또 표면의 상태는 장소에 따라서 상당히 달랐다는 것도 알려졌다. 화산지대가 있거나 침식의 흔적으로 짐작되는 곳도 발견된 것이다. 그래서 화성의 생명 문제는 지금까지 아직도 미해결이라고 할 수 있을 것 같다. 최근의 자료에 따르면 화성에도 주기적으로 물과 공기가 풍성했던 시대가 찾아오고 있었다고 하는 추측도 가능한 것 같다.

지구에도 소천체와의 충돌 자국이 있다

그러나 지금까지 얻어진 자료에서도 하나의 결론이 끌려 나왔다. 그것은 태양계 안쪽의 큰 행성은 작은 천체의 충돌을 항상 받아왔다는 것이다. 달과 화성에는 그 자국이 남아 있는 셈인데 지구에 이런 충돌이 없었다고는 생각하기 어렵다.

지구와 달은 소행성대로부터 같은 거리에 있다고 생각해도 좋다. 그러나 지구는 달의 81배의 무게가 있고, 거리가 같다면 81배의 힘으로 물체를 끌어당긴다. 더욱이, 지구는 달의 14배의 단면적을 가졌다. 그래서 지구에는 달 이상으로 충돌이 있었다고 짐작된다. 화성과 비교하면 지구는 소행성대에서 훨씬 떨어졌지만, 화성의 3.5배의 단면적과 10배의 무게가 있으므로 나는 지구에도 화성 이상으로 충돌이 있었다고 추측한다.

달에는 지름 1㎞ 이상의 화구가 30만 개 있는 것으로 생각되고 있다. 지구는 표면의 70%가 바다이고 충돌의 흔적을 남기지 않을 것을 고려해도 나머지 30%—지구의 육지—에는, 그 수십억 년이란 역사 동안에 적게 가늠해도 100만 회의 충돌이 있었다고 생각해도 좋다.

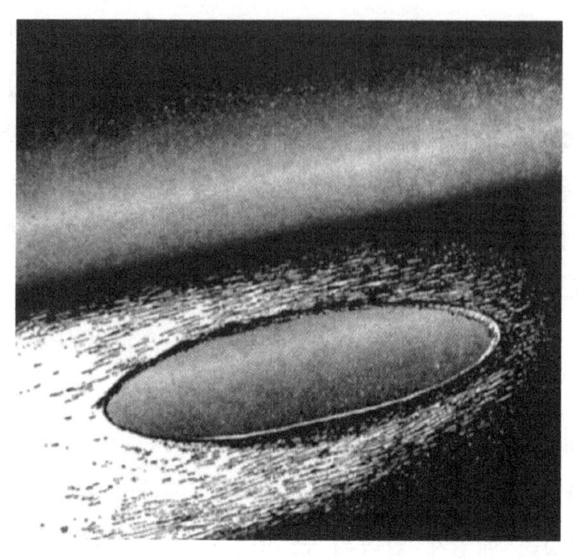

지구상에 있는 원형의 바다는 별과 충돌한 자국이다

그 흔적은 어디에 있을까? 지워져 버렸다. 바람, 물, 그리고 생물의 작용이 충돌의 자국을 닦아 버리고, 지구에 생겼던 화구의 99% 이상이 현재까지 흔적도 없어져 버리고 만 것이다.

그러나 비교적 새로운 것의 흔적은 남아 있다. 그것을 찾아내려면 지구상의 원형 웅덩이에 유의하면 된다. 침식이나 단층(斷層), 새로운 충돌 등으로 완전한 원형대로 남아 있지 않은 것이 많아서 그것을 고려하면 꽤 많은 지형이 찾아진다.

둥근 웅덩이에 바닷물이 들어서 원형의 바다를 형성한 것도 있다. 아랄해[Aral Sea, 카자흐스탄과 우즈베키스탄 사이에 있는 중앙아시아의 대염호(大鹽湖)]는 그 한 예이다. 또, 흑해의 북쪽 해안도 대체로 원의 일부분으로 되어 있다. 멕시코만은 반원형을 대응시킬 수 있다. 하기는 인도양, 그리고 태평양까지도 원형의 해안선을 가지고 있다. 이러한 원형을 몇 개나 찾아볼 수 있는

지는 얼마나 열심히 찾는가와 진정한 원으로부터의 어긋남을 어느 정도 인정하는가에 따라서 결정되는 것이다.

미시간 분지(盆地)는 운석 화구인가

화구인지도 모를 지형을 열심히 찾고 있는 사람들 가운데 한 사람으로 펜실베이니아 주립대학의 다실(Franck Dasil) 박사가 있다. 그 대학에서 최근에 나에게 보내온 출판물에는 미국과 그 근방만으로도 42개 이상의 「가능성이 있는, 혹은 추측되는」 화구나 화구군(火口群)을 보여주는 지도가 실려 있다.

그중, 미국 내에서 최대의 것은 「미시간 분지」이다. 이는 미시간호 및 휴런호가 이루고 있는 원형으로 그 지름은 대략 500㎞이다. 다실 박사의 계산에 의하면, 이 정도의 화구를 만든 운석은 5~60㎞의 지름이었다고 한다.

그 지도에는 「켈리 화구」로 불리는 더 큰 화구가 실려 있다. 이는 대륙붕(大陸棚)에 따라서 미국의 대서양 연안에 있고, 원의 1/3 원호를 이루고 있어 만약 완전히 한 바퀴 돌고 있다면 지름 2,000㎞의 원이 되는 것이다. 이만큼의 화구를 만들려면 지름이 수백 킬로미터나 되는 운석이 충돌했어야 할 터이다. 그러나 한편, 지질학자들은 대서양이 대륙 이동으로, 지질학적인 시간의 척도로 말해서 **비교적 최근**에 만들어진 것으로 생각하게 되었다. 그 양쪽 해안은 상당히 꼭 들어맞게 맞출 수 있으므로 이 생각으로는 운석의 낙하가 있었다고는 생각하기 어려워진다.

나는 다실 박사의 열성이 많은 지지자를 얻었는지 아닌지 의심스럽게 생각하지만, 그렇다고 해서 운석의 낙하가 여러 장소,

여러 시대에 일어났던 일이 없었다고 말할 수는 없는 것이다.

지구는 과연 안전할까

대운석의 낙하가 행성 역사의 극히 한정된 시기에만 일어났다고 하는 설도 생각될 것이다. 태양계가 형성되는 원시 초기 시기에 작은 행성들이 뭉쳐서 행성이나 달이 생겼지만, 마지막 단계에서 충돌해 온 대형의 작은 행성이 달이나 지구의 표면에 보이는 규모가 큰 자국을 남겼는지도 모른다. 그렇지 않으면, 태양계의 역사에서 화성과 목성 사이에 있던 행성이 몇 번인가 폭발했기 때문에 수성에서 목성까지의 행성들이, 지름 수백 킬로미터 이하의 산탄(散彈)의 세례를 받았다고도 생각된다.

어느 경우일지라도 그 한정된 시기는 이미 끝났다고 결론할 수 있을 것이다. 행성의 폭발은 이제 일어나지 않을 터이고 지구에 접근하는 지름 수백 킬로미터나 되는 소행성도 현재 존재하지 않는다.

사실, 지름이 30㎞ 이상인 천체 중 지구에서 3천만 킬로미터 이내로 가까워지는 것이란 달을 제외하면 아무것도 없다. 그리고 달이 그 궤도를 떠나서 지구에 충돌하는 일은 없다. 그렇다면, 우리는 안전하다고 할 수 있을까?

아니다, 천만의 말씀이다. 우주 공간에는 작은 먼지나 돌멩이가 잔뜩 있어서 지구의 대기 속으로 뛰쳐 들어와서는 빛을 내고 아무런 해도 끼치지 않고 증발해 버린다. 그런데 그런 먼지나 돌멩이에 곁들여서, 바다를 만들 만큼 크지는 않겠지만 그래도 상당한 파괴력을 가진 것도 날고 있다.

극히 새로운 화구로 알려지는 것도 있다. 이런 화구 가운데 가장 훌륭한 것이 애리조나주 윈스로 근처에 있다. 그것은 달의 화구의 작은 것과 같은 모양을 하고 있다. 형태는 거의 원형으로 지름은 약 1,260m이다. 깊이는 약 170m인데 그 밑바닥에는 두께 약 180m인 부서진 암석의 층이 있고, 둘레의 벽은 그 일대의 평원보다도 40~50m 높아져 있다.

이것이 화구이고 사화산(死火山)이 아님을 처음으로 밝힌 사람은 미국의 광산 기사 '다니엘 모로 베링거'였다. 그에 관련해서 이는 베링거 화구로 불리고 있다. 그 유래로부터 운석 화구로도 불린다. 나는 대(大)베링거 운석 화구란 이름까지 본 일도 있다. 한마디로 크기와 연구한 사람과 기원을 나타내고 있는 셈이다.

베링거 화구는 건조한 곳에 생겼기 때문에, 여느 곳이었더라면 침식으로 흔적도 없어졌을 것이 잘 보존되어 왔다. 그래도 이 화구의 나이는 15,000세 이상으로 생각되지 않고, 지질학적으로는 바로 어제 태어났다고 해도 좋은 것이다.

이것을 만든 운석은 수백만 톤이나 되었을 터이다. 만약 이것이 오늘날 떨어졌다면, 세계 최대의 도시와 그 둘레의 도시를 넓은 범위에 걸쳐서 소멸시킬 것이다.

대운석 낙하의 확률

이처럼 크지는 않더라도 꽤 큰 운석의 낙하는 역사 시대에 들어서 여러 개가 기록되었고 20세기에도 2회의 주목할 만한 낙하가 있었다. 그중의 1회는, 1908년에 중부 시베리아에서 일어났다. 그때의 운석은 고작 2~30톤이었다고 짐작되는데, 지름 50m의 화구를 만들고, 둘레 30~50㎞에 있는 나무들을 휩쓸어 넘어뜨렸다. 그러나 그 장소로부터 운석은 발견되지 않았다. 충돌한 것은 작은 혜성이었기 때문에 증발해 버린 것일까? 또는 반물질(反物質)이 날아와서 보통의 물질과 만나 대폭발을 일으키고 뒤에 아무것도 남기지 않았던 것일까? 유감스럽게도 아무도 모른다.

이런 낙하가 맨해튼 섬 한복판에서 일어났더라면 그 섬의 모든 빌딩과 강 건너 많은 빌딩을 넘어뜨리고 수백만 명의 사람이 낙하 후 몇 분 안에 죽었을 것이다.

사실, 1908년의 낙하는 하마터면 대도시를 소멸시킬 뻔했다. 만약 이 운석이 같은 궤도를 5시간 늦게 움직이고 있었더라면 낙하점은 바로 페테르스부르그(당시 러시아제국의 수도, 구 레닌그라드, 현재의 상트페테르부르크)가 되었을 것이다.

이어서 1947년에는 좀 소형의 낙하가 시베리아의 극동 지방에서 일어났다.

이들 2회의 낙하는 모두 시베리아에서 일어났는데, 수목과 야생동물을 제외하면 실제로 아무런 피해도 끼치지 않았다. 인류는 참으로 행운이었다고 할 수 있다.

어느 천문학자는 도시를 파괴할 만한 크기의 운석이 떨어지는 일은 1세기에 2회의 비율로 일어나리라고 추정하고 있다. 그렇다면 다음과 같은 계산을 해 볼 수 있다. 뉴욕시의 면적은 지구의 전 표면적의 약 67만 분의 1이다. 만약, 이런 큰 운석이 지구상 어디서나 같은 확률로 낙하한다면 뉴욕에 낙하할 확률은 67만 분의 1이 된다.

50년에 1회의 비율로 이런 운석의 낙하가 있다고 하므로, 뉴욕시에서 1년 동안에 대운석이 낙하할 확률은 67만 분의

운석은 순식간에 대도시 괴멸해 버린다

1×50분의 1, 즉 3300만 분의 1이 된다.

그러나 뉴욕시는 많은 도시 가운데 하나에 지나지 않는다. 만약 지구상의 인구 밀집 지대의 면적이 뉴욕시의 330배라고 가정하면, 물론 이것은 나의 마음대로의 추정이지만, 어느 인구 밀집 지대가 운석으로 소멸할 가능성은 1년간에 10만 분의 1이 된다.

달리 말하면 이는 10만 년 동안에 상당한 크기의 도시가 대운석에 얻어맞을 일이 한 번 정도 있다는 이야기가 된다. 사실은 이 추정은 지나치게 낙관적으로 지구상의 도시가 계속 늘어나고 있다는 것을 고려해야 한다. 따라서 도시가 운석의 희생이 될 확률은 더 큰 것이다.

과거에 도시가 대운석으로 파괴되었다는 기록이 없는 까닭도 이것으로 이해된다. 도시란 것은 최근 7000년 정도의 역사밖에 없고 최근 수 세기보다 전에는 대도시가 극히 적었다. 역사 시대에 이런 사건이 일어났던 확률은 100분의 1을 넘는 일이 없었을 것이다. 따라서 실제로는 일어나지 않았던 것도 이상한 일이 아니다.

노아의 홍수는 운석으로 일어났다

그런데 문제 되는 것은 직격(直擊)을 받은 경우뿐일까? 도시의 주변에 낙하했다면 어떨까? 육상에서는 어느 정도 거리가 있으면 큰 피해는 없을 것이다. 1908년형의 운석이라도 80㎞나 떨어진 곳에 낙하하면 거의 영향이 없다. 그러면 바다에 낙하한다면 어떻게 될까? 4번 가운데 3번은 바다에 떨어지는 셈이다.

페르시아만에 낙하한 대운석으로 노아의 홍수가 일어났다

운석이 유별나게 크질 않고 해안에서 충분히 먼 곳에 떨어졌다면 큰 피해는 없을 것이다. 그러나 대운석이 해안선 바로 근처에, 경우에 따라서는 육지로 둘러싸인 내해(內海)에 낙하하는 수도 있을 수 있다. 그렇게 되면 큰 피해를 미치게 되는 셈이다. 그러한 가능성이 있는 바다 영역의 면적은 인구 밀집 지대의 면적보다도 크기 때문에 도시의 직격보다도 바다에 떨어져서 큰 재해가 일어날 가능성이 크다.

그 확률은 10만 년에 1회가 아니라 1만 년 혹은 더 짧은 기간에 1회의 비율이 될 것이다. 즉 역사 시대에 그런 재해의 기록이 있다고 해도 이상하지 않으며 나는 실제로 있었다고 생각한다.

노아의 홍수는 정말 있었던 일이다. 티그리스 유프라테스강

지방에, 6000년 정도 전에 광범위하고 파괴적인 홍수가 일어났다. 이에 관한 바빌로니아의 이야기는 세대에서 세대로 이어지는 동안에 신화(神話)적인 각색이 이루어졌다. 구약성서의 노아의 홍수 이야기는 이러한 구전(口傳)을 바탕으로 하고 있다.

이는 단순한 추측이 아니다. 바빌로니아의 고대 도시 몇 개를 고고학(考古學)적으로 조사한 결과, 인간이 남긴 것이라고는 아무것도 포함되지 않은 두꺼운 층이 발견되었다.

그 층을 남기고 간 것은 무엇이었을까? 보통 나오는 해답은 티그리스 유프라테스강이 때때로 홍수를 일으키기 때문에 어느 때 특별한 대홍수가 일어났었다고 하는 것이다. 나는 이것이 만족스러운 답이 아니라고 생각하고 있었다. 나에게는 강물의 홍수가 아무리 컸더라도 이 발견된 지층을 만들기에는 불충분하고 이야기가 과장되어 가기 마련이라고는 하지만 후세에 그처럼 대규모의 홍수, 죽음, 파괴의 이야기를 남기지는 않으리라고 생각된다.

나는 다른 해답을 생각해 냈다. 이것은 내가 아는 한으로는 처음으로 발설한 것으로 본다. 달리 어디서나 이런 생각을 들어 본 일이 없다.

대운석이 6000년 정도 전에 페르시아만에 낙하했다면 어떨까? 페르시아만은 거의 육지로 둘러싸이다시피 되어 있고, 낙하의 충격은 물을 벽처럼 떠밀어 올려서 북서쪽의 티그리스 유프라테스 유역으로 흘러들게 할 것이다.

이는 거대한 해일이며 유역의 대부분을 씻어 훑어 버릴 것이다. 홍수는 주민들의 「전 세계」를 유실케 하며 가는 곳마다 수많은 사람을 삼켜버렸을 것이다.

「크고 깊은 샘들이 터졌다」

이런 생각을 뒷받침하기 위해서 성서의 말씀을 인용해 보자. 내가 지적하고 싶은 것은 성서에는 비뿐만 아니라 다른 것도 쓰여 있다는 것이다. 창세기(創世記) 7장 11절에는 비를 뜻하는 「하늘의 창들이 열려」라는 구절만이 아니라, 「그날에 크고 깊은 샘들이 터지며」라고 되어 있다. 무엇을 뜻하고 있는 것일까? 나는 물이 바다로부터 몰려왔다고 생각한다.

더욱, 노아의 방주에는 돛이나 노나 움직이게 할 것은 아무것도 없어 물에 떠돌아다닐 뿐이었다. 어디를 떠돌고 있었을까. 그것은 아라라트산(옛날에는 우라르트)에 다다르게 되지만 그 산은 티그리스 유프라테스 지방 북서의 코카서스산맥 기슭에 있는 언덕이다. 보통의 홍수였다면 배를 남동의 바다 쪽으로 밀려가게 했을 터이다. 터무니없는 바다의 범람만이 방주를 북서쪽으로 밀어 보낼 수 있는 것이다.

나는 **플라톤**(Platon, B.C. 약 427~347)이 아틀란티스 이야기로서 만들었던 전설도 운석이 바다로 떨어진 것이 아닌가 하고 생각했지만, 이것은 잘못이었다. 고고학자들은 남 에게해(Aegean Sea, 지중해 동부의 해역)의 작은 섬에서 큰 화산폭발이 일어나서 그 때문에 발생한 해일이 크레타(Creta)섬의 문화를 파괴했던 것을 발견하였다. 기원전 1400년경 이 섬의 폭발에 대한 기억이, 1000년 후 플라톤의 아틀란티스가 되었다. 운석은 아니었지만, 여하튼 파괴적인 대사건이기는 하였다.

이러한 파괴가 인간의 기억에 여러 번 새겨진 것은 당연하게 생각되는 일이다.

다음 재해는 언제 닥쳐올 것인가? 10만 년 후인가? 천년 후인가? 내일인가? 해답할 길은 없다.

물론 우리는 가까운 우주 공간을 조사해서 무엇이 떠돌고 있는지를 알 수는 있을 것이다.

1898년까지 그 대답은 「아무것도 없다」라고 생각되었었다. 화성과 금성의 궤도 사이에는 지구와 달을 제외하고는 아무것도 알려지지 않았다. 작은 돌멩이와 먼지가 있을 뿐, 떨어져서 재해를 일으킬 만한 것이 있으리라고는 아무도 생각하지 않았다. 운석이 떨어져서 사람이 죽거나, 집을 한 채 망가뜨릴 일은 있으리라고는 생각되었지만, 그 정도라면 벼락이 떨어지는 것과 큰 차이가 없다.

지구에 접근하는 소행성

1898년, 독일의 천문학자 구스타프 비트(Carl Custav Witt, 1866~1946)는 소행성 433번(Eros)을 발견했다. 위트는 그 궤도를 계산해 볼 때까지는 별 이상이 있는 소행성이라고 생각하지 않았다. 물론 궤도는 타원형이고, 태양에서 가장 먼 부분은 그 때까지 발견되었던 모든 소행성과 마찬가지로 화성의 궤도와 목성의 궤도 사이에 있었다.

그런데 궤도의 다른 부분은 화성의 궤도와 그 안쪽의 지구 궤도 사이에 있었다. 그 소행성의 궤도와 지구의 궤도는 2200만 킬로미터까지 접근하여 소행성과 지구의 쌍방이 그 최근 접점 가까이에 와 있을 때는 실제로 양 천체가 그 정도의 거리까지 접근하게 되는 셈이다. 이는 지구와 금성의 거리의 1/2 정도로 이런 접근은 정해진 간격을 두고 일어나는 것이다. 위트는 신화에서 마르스(Mars, 화성)와 비너스(Venus, 금성)의 아들인 에로스(Eros)의 이름을 따서 그 소행성에 에로스란 이름을 붙였다. 이것이 특이한 소행성에 남성의 이름을 붙이는 관습의 시초가 되었다.

에로스의 접근은 과학자에게 매우 반가운 일이었다. 그것은 태양계의 크기를 그때까지 이루지 못했던 정확도로 결정하는 데 이용되었다.

1931년, 에로스가 2700만 킬로미터까지 가까워졌을 때는 실제로 이 목적을 위한 관측이 실시되었다.

에로스의 밝기가 변화하는 데서 형태가 구형이 아니라, 대강 말해서 벽돌과 같은 형태를 하고 있고, 옆으로 볼 때는 밝고, 긴 쪽으로부터 보면 어둡게 보이는 것이 추측되었다. 그 길이는 25㎞로, 짧은 쪽의 지름은 10㎞ 정도로 계산되었다.

에로스의 접근에 즈음해서는 아무런 걱정도 없었다. 2700만 킬로미터는 극히 큰 거리였다.

그러나 그 후 금성보다도 지구에 가까워지는 소행성이 여러 개가 발견되었다. 그들 가운데 어떤 것은 금성보다도 태양에 가까워지고 이카로스(Icaros)란 소행성은 수성보다도 태양에 접근한다.

1937년, 라인무트란 천문학자가 소행성 헤르메스(Hermes)를 발견했다. 10월 30일에 그것은 73만 킬로미터까지 지구에 접근하였다. 계산에 의하면 헤르메스는 지구에 30만 킬로미터까지, 즉 달보다도 가까운 곳까지 지구에 접근할 가능성이 있다!

만약 그렇게 접근했다고 해도 누가 걱정할 것인가. 30만 킬로미터는 위험성의 면으로 보아서 충분히 큰 거리가 아닐까?

휘청거리면서 도는 헤르메스

아니다, 마음 놓고 있을 수는 없다. 그 이유는 3가지가 있다. 우선 첫째로 소행성의 궤도는 결코 고정된 것이 아니다. 지구에 접근하는 소행성은 어느 것이나 가벼운 것들뿐이고 큰 행성에 가까워지면 궤도가 달라진다. 이를테면 혜성의 궤도가 목성에 가까워졌기 때문에 달라진 일은 여러 번 관측되고 있다. 헤르메스는 목성에 가까워지는 일은 없지만, 지구와 달, 그리고 수성의 근처까지 가기 때문에 궤도가 달라진다.

사실, 헤르메스는 1937년에 처음으로 발견된 이후 관측된 일이 없다. 예보에 의하면 3년마다 지구에 접근하는 것이지만 그 궤도가 변해 버렸기 때문에 우리는 어디를 찾아야 하는지 모르는 것이다. 이것은 우연히 재발견되기를 기다리는 수밖에 없을 것이다.

헤르메스의 궤도가 불규칙하게 변화한다면 그것은 지구에 더 접근하기보다도 멀어질 확률 쪽이 클 것이다. 멀어지는 편이 훨씬 넓은 범위를 가지고 있기 때문이다. 그러나 지구와 헤르메스가 충돌할 가능성도 전혀 없는 것이 아니다. 만약 충돌했다면 큰일이다. 지구 그 자체는 헤르메스가 부딪쳐도 어떻다는 일은 없으리라. 그러나 우리 인류에게는 큰 재해가 될지도 모른다. 2~3백만 톤의 운석으로 지름이 2㎞나 되는 구멍이 뚫릴 것을 생각한다면 몇 조(兆) 톤이나 되는 헤르메스가 충돌했다면 미국의 한 주나 유럽의 한 나라 정도의 구멍이 뚫릴지도 모른다.

둘째로 이런 지구에 접근하는 소행성들은, 태양계의 역사를 통해서 꾸준히 비슷한 궤도를 가지고 있었던 것이 아니라는 사실이다. 충돌이나 큰 행성의 인력 같은 것이 원래는 소행성대(小行星帝) 속에 있었던 궤도를 변화시켰을 것이다. 그렇다면 새로 이 그룹 속으로 들어오는 소행성도 있는 셈이 된다. 궤도가 크게 변화하기 쉬운 것은 작은 소행성이지만, 소행성대에는 헤르메스 정도 크기의 소행성이 몇 천 개나 있어 지구는 반갑지 않은 손님을 맞이할 가능성이 충분히 있는 셈이다.

셋째로, 우리가 지구에 접근하는 소행성을 관측할 수 있는 것은 수백만 킬로미터, 수천만 킬로미터의 멀리서 망원경으로 잡을 수 있는 것에 한정된다는 사실이다. 작은 것일수록 수는 많다. 만약 지름 2㎞ 이상의 소행성으로 어느 거리 이내까지 지구로 접근하는 것이 5개 있었다면 지름 30m 이상의 것이 되면 500개를 넘을 터이다. 이런 크기라도 만일 지상에 떨어지면 큰 변이 일어난다.

충돌 궤도의 감시체제

지금 소행성의 충돌로 일어날 대참사를 예보하거나 피하는 것은 불가능하다. 우리는 언제 이런 위태로운 바위 조각에 부딪힐지도 모르고 우주를 계속 날아다니고 있다.

미래에는 아마 사정이 달라질 것이다. 우주정류장에서 지구로 접근하는 소행성을 감시하게 될 것이다. 이것은 타이타닉호의 침몰 이래, 북쪽의 바다에서 빙산 감시선이 활약하고 있는 것과 마찬가지로 물론 훨씬 더 어려운 일이기는 하다.

우주의 돌이나 바위, 산은 많은 노력을 치러서 번호가 붙여질 것이다. 그 변화하는 궤도는 항상 감시되고 100년 후 또는 1000년 후에는 우주정류장 안의 컴퓨터가 「충돌 궤도!」 하고

〈표 11〉

이름	발견	공전주기 (연)	추정 지름 (㎞)	추정 질량 (t)	지구 최근 거리 (㎞)
알버트	1911	약 4	5	2000억	3000만
에로스	1898	1.76	25	25조	2000만
아모르	1932	2.67	15	7조	2000만
아폴로	1932	1.81	3	670억	400만
이카로스	1949	1.12	2	70억	600만
아도니스	1936	2.76	2	70억	200만
헤르메스	1937	1.47	2	70억	30만

경고를 발하게 될 것이다.

그래서 반격체제가 취해진다. 충돌 궤도의 소행성은 수소폭탄, 또는 그 무렵에 발견되었을 더 적절한 방법으로 폭파되고 바위는 녹아서 돌멩이가 되어버릴 것이다.

돌멩이는 지구에 부딪혀서 멋있는 유성우(流星雨)를 출현케 하리라.

그러나 그때까지 지구는 소행성이 충돌할 위험에 노출되어 있고, 수백만의 사람들에게는 저승이 한 시간 뒤에 닥쳐올지도 모르는 것이다.

참고로 지구에 접근하는 소행성은 〈표 11〉과 같다.

6장 우주의 조화

—행성의 속도나 거리의 편리한 계산법

행성의 간격은 「천구의 음악」

나는 천문학 강의를 받은 일이 없다. 천문학보다도 하찮은 강의는 여러 가지 들었는데 유감스럽게 생각한다.

그러나 이것이 도리어 다행으로 느껴지는 면도 있다. 지금 천문학 책을 읽고 새로운 지식에 맞닥뜨리면 가슴이 설렐 때가 있다. 만약 전문적인 천문학 교육을 받았더라면 이런 즐거움을 체험하는 일은 없었을 것이다.

이를테면, 맥러플린(Dean B. Mclaughlin)의 『천문학 입문』(1961)은 그 몇 군데서 이런 즐거움을 맛보게 해주었다. 여러분에게도 이 책을 서슴지 않고 추천하는 바이다.

예를 들면, 케플러(Johannes Kepler, 1571~1630)의 조화(調和) 법칙에 대한 맥러플린 교수의 설명을 읽고, 나는 그때까지 그 법칙에 관해서 읽었던 것보다 훨씬 더 깊이 생각하게 되었다. 여기서 생각했던 결과를 여러분에게도 꼭 나누어 주고 싶다.

케플러의 조화법칙이란 무엇인가, 우선 이것부터 설명해 보기로 한다.

1619년, 독일의 천문학자 케플러는 행성과 태양의 거리와 행성이 태양의 둘레를 한 바퀴 도는 주기 사이에는 간단한 관계가 있음을 발견했다.

2000년 동안 철학자들은 행성의 간격이 「천구(天球)의 음악」이라고 불리는 조화음을 발생하게끔 되어 있다고 생각해 왔다. 이는 몇 줄인가 길이가 다른 현을 동시에 튕기면 같이 합쳐져서 듣기 좋은 소리가 생길 수 있다는 데서부터 유추된 것이다.

이런 사정에서 케플러가 발견한 거리와 주기의 관계는 「케플러의 제3법칙」이란 무미건조한 이름 이외에 「케플러의 조화법칙」이란 낭만적인 이름도 가지고 있다. 여기 제3법칙의 '제3'이란 것은 이보다 전에 이미 케플러가 행성 궤도에 대한 2개의 법칙을 발견했었기 때문이다.

공전주기와 평균 거리

이 법칙을 말로 표현하면 이렇게 된다—「행성 공전주기의 2제곱은 태양에서의 평균 거리의 3제곱에 비례한다.」

이로부터 여러 가지 재미나는 사실이 유도되지만 그러기 위해서는 조금 수학적인 식을 쓸 필요가 있다. 식은 되도록 적게 쓰기로 약속하기로 한다. 우선, 태양계의 행성 가운데 어느 2개를 생각해 보자. 이 두 행성을 가령 「행성-1」 및 「행성-2」로 이름 짓는다. 그리고 「행성-1」의 태양에서의 평균 거리를 D_1, 「행성-2」의 그것은 D_2라고 하자. 이 행성들의 공전주기는 P_1과 P_2이다. 그러면 케플러의 조화법칙에서 다음 식이 성립한다.

$$P_1^2 \ / \ P_2^2 = D_1^3 \ / \ D_2^3 \qquad \text{수식 (2)}$$

이것은 그다지 복잡한 식이 아니다. 그러나 간단히 되는 식은 간단하게 만들어야 한다. 다음에 하려는 것은 이 일이다. 「행성-2」가 지구이고, 공전주기를 연(年) 단위로, 거리를 천문단위(天文單位)로 나타내기로 하자.

지구의 공전주기는 1년이다. 실은 이 1년이란 것은 원래 지구가 태양 둘레를 1회 공전하는 시간을 그렇게 정한 셈이지만 그것은 차치하고, 공전주기 1년은 P_2=1이고, 그 2제곱인 P_2^2=1임을 말한다. 또, 거리를 나타내는 천문단위란 태양과 지구 사이의 평균 거리를 말한다. 즉, 지구는 태양에서 1천문단위의

〈표 12〉

행성	주기 P(년)	평균 거리(천문단위)
수성	0.241	0.387
금성	0.615	0.723
지구	1.000	1.000
화성	1.881	1.524
목성	11.86	5.203
토성	29.46	9.54
천왕성	84.01	19.18
해왕성	164.8	30.06
명왕성	248.4	39.52

거리에 있고 D_2와 D_2^3은 모두 1과 같다.

그래서 수식 (2)는 좌변도 우변도 분모가 1이 되어 P와 D는 「행성-1」의 것밖에 나오지 않으므로, 오른쪽 아래에 작은 숫자를 붙여서 2개의 행성을 구별할 필요도 없어진다. 즉, 다음 식이 얻어진다.

$P^2 = D^3$ ………………………………………………… 수식 (3)

이 식에서 P가 연, D가 천문단위로 표시되어 있음을 잊어서는 안 된다.

이 식이 성립하는 것을 알아보기 위해서 태양계 9개의 대행성에 대해 연으로 표시된 주기와 천문단위로 표시된 태양에서의 평균 거리를 〈표 12〉에 넣었다.

각 행성에 대해서 P의 2제곱과 D의 3제곱을 계산해서 비교하면 거의 일치하는 것을 알 수 있으리라.

조화법칙에서 별을 계산한다

행성의 주기와 평균 거리는 각각 독립해서 관측으로부터 결정할 수 있다. 이런 양들 사이에 수식 (3)으로 표시되는 관계가 있는 것은 흥미로운 일이기는 하지만, 무슨 새로운 양이 계산에서 얻어진다는 것은 아니다. 그러나 주기와 평균 거리 중, 어느 한쪽밖에 모르는 경우는 어떨까? 이를테면 화성과 목성 사이에 있고 태양에서의 평균 거리가 4천문단위의 행성이라든지, 태양에서 6,000천문단위나 떨어진 행성 같은 것을 상상해 보았을 때 그 주기는 얼마나 될까? 이런 의문에 답하려면 아무래도 조화법칙의 도움을 빌려야 한다.

수식 (3)의 양변에 제곱근을 취하면

$$P = \sqrt{D^3} \quad \cdots\cdots \quad \text{수식 (4)}$$

으로 되어 이런 의문의 답은 간단히 계산되는 것을 알 수 있다. 화성과 목성 사이의 행성의 경우는 4의 3제곱, 즉 64의 제곱근이 8이므로 꼭 8년이 되는 셈이다. 태양에서 6,000천문단위인 곳을 돌고 있는 행성은 6,000의 3제곱의 제곱근이란 계산을 해 보면 약 45만 5천 년으로 태양을 한 바퀴 도는 것을 알게 된다.

수식 (3)은 양변에 3제곱근을 취해서 다음처럼 고칠 수도 있다.

$$D = \sqrt[3]{P^2} \quad \cdots\cdots \quad \text{수식 (5)}$$

이 식을 이용해서 주기가 20년인 행성이 있었다고 하면 그 태양으로부터의 평균 거리는 얼마인가라든가, 주기 100만 년의 행성은 태양에서 얼마나 떨어졌을까 하는 문제에 답할 수 있다. 처음 문제의 답은 20의 2제곱의 3제곱근을 구함으로써 다음 문제의 답은 100만의 2제곱의 3제곱근을 구해서 얻을 수 있다. 그 값은 7.3천문단위와 10,000천문단위이다.

천문단위 계산의 재미

여기서 극단적인 경우의 계산을 해서 즐겨보자. 이를테면 태양에서 아무리 멀리 떨어져 있어도 태양계의 행성이라고 할 수 있을까? 태양계에 가장 가까운 항성(恒星)은 켄타우루스자리의 α(알파)별인데 그 거리는 4.3광년이다. 그래서 태양에서 2광년인 곳에 있는 행성(行星)은 우주 안의 어느 항성(恒星)보다도 태양에 가장 가깝다는 것이 확실하다. 지금, 이 2광년 떨어진 행성을 「가장 먼 행성」이라고 해 두기로 하자.

1천문단위는 약 1억 5천만 킬로미터이고, 1광년은 약 9조 5천억 킬로미터(9,500,000,000,000㎞)이다. 따라서 1광년은 약 63,000천문단위인 셈이다. 그래서 가장 먼 행성은 태양에서 126,000천문단위 떨어져 있고, 수식 ⑷에서 주기는 약 4500만년임을 알 수 있다.

다음은 태양에 가장 가까운 행성을 생각해 보자. 높은 온도나 태양 대기에 의한 저항을 무시하고, 태양의 표면을 스쳐서 행성이 공전할 수 있다고 생각하여, 이런 행성을 「표면 행성」이라고 이름 짓자.

태양과 행성의 거리란 중심에서 중심까지의 거리를 말하지만 표면 행성의 반지름이 극히 작고 무시할 수 있을 정도라면 그 거리는 태양의 반지름, 즉 70만 킬로미터와 같다. 이는 0.0047천문단위이고 수식 ⑷에서 주기는 0.00032년, 즉 2.8시간으로 계산된다.

행성은 매초 몇 킬로미터의 속도로 움직이는가

다음에 행성이 태양 둘레를 매초 몇 킬로미터의 속도로 움직이는지 계산해 보자. 우선 행성이 태양 둘레를 1회 공전하는 데 몇 초 걸리는지를 알아보아야 한다. 앞에서처럼 공전주기를 P년이라 하자. 1년은 3156만 초이므로 구하는 값은 31,560,000×P초가 된다.

1천문단위는 1억 5천만 킬로미터이다. 따라서 D천문단위는 150,000,000×D㎞와 같다. 행성의 궤도를 원으로 생각하면, 이는 거의 옳다고 할 수 있는 가정이지만 궤도의 길이는 150,000,000×2×원주율(3.14)×D㎞, 즉 942,000,000×D㎞가 된다.

행성의 속도는 궤도의 길이를 주기로 나누어서 30×D÷P인 셈이다. 수식 (4)를 이용해서 이 결과를 더욱더 간단하게 할 수도 있다. 즉, P= $\sqrt{D^3}$ 를 속도의 식에 대입하면

$$D \div P = D \div \sqrt{D^3} = D \div (D \times \sqrt{D}) = \frac{1}{\sqrt{D}}$$

이란 관계에서 속도를 V로 나타내면,

$$V = \frac{30}{\sqrt{D}} \quad \cdots\cdots\cdots\cdots \quad \text{수식 (6)}$$

이 얻어진다. V의 단위는 매초 킬로미터이다.

D는 천문단위로 나타낸 태양에서 행성까지의 평균 거리였다. 지구의 경우 D는 1이다. 따라서 지구가 궤도 위를 움직이는

〈표 13〉

행성	평균 궤도 속도(매초 ㎞)
수성	48
금성	35
지구	30
화성	24
목성	13
토성	10
천왕성	7
해왕성	5.5
명왕성	4.8

속도는 매초 30㎞가 되는 셈이다.

다른 행성의 속도는 〈표 12〉에 실린 D의 제곱근을 계산하여 그것으로 30을 나누면 된다. 이렇게 얻어진 결과가 〈표 13〉이다.

또, 가장 먼 행성의 속도는 매초 85m, 표면 행성의 속도는 매초 440㎞가 된다.

원일점과 근일점

실제로 행성의 궤도는 원이 아니다. 태양이 초점 하나에 자리한 타원이다. 이것이 케플러의 제1법칙이다. 태양과 행성을 잇는 직선을 생각하자. 전문 술어로 이를 「동경(動徑)」이라고 부른다. 이 선이 움직이는 데 따라서 그려지는 부채와 같은 모양의 면적은 선이 움직이는 시간을 일정하게 잡으면 궤도 위의

행성이 태양에 가까울 때는 동경이 짧다

어느 장소에서도 똑같다. 이것이 케플러의 제2법칙이다. 행성이 태양에 가까울 때는 동경이 짧다. 그래서 정해진 시간에 정해진 면적을 그리려면 빨리 움직여야 한다. 행성이 태양에서 먼 곳에 있을 때는 동경이 길어서 천천히 움직이는 셈이다.

따라서 케플러의 제2법칙에서 행성이 태양에 가까워짐에 따라 속도가 늘어나고, 멀어짐에 따라 감속되는 모양을 정확하게 계산할 수 있다. 여기서는 수학적으로 자세한 것을 빼고 제2법칙에서 유도되는 하나의 결론을 이야기해 보자.

원형의 궤도를 운동하던 행성이 궤도 위의 어떤 점에서 갑자기 속도를 늘렸다고 생각해 보자. 그 영향은 그 행성을 태양과 반대의 방향으로 던진 경우와 닮았다. 던져진 행성은 태양에서 멀어지지만, 그 속도는 점점 작아져서 나중에는 태양을 향해서 떨어지기 시작한다. 이것은 지구 위에서 돌을 던져 올릴 때와

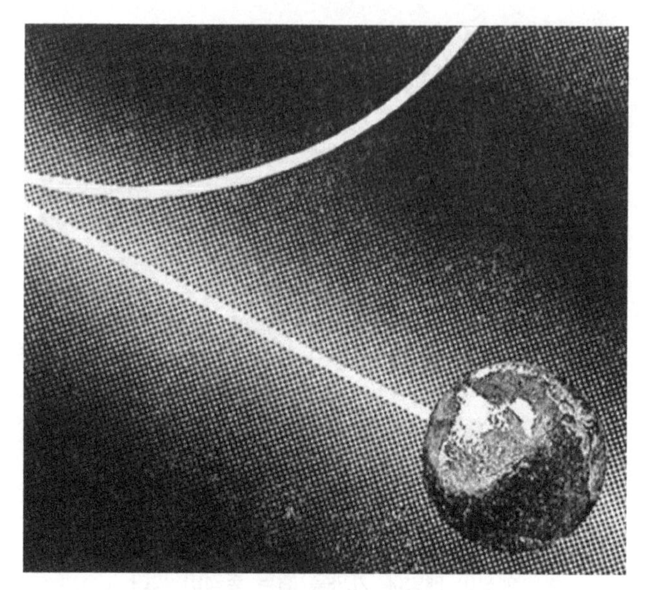

지구가 초속 42㎞ 이상으로 움직이면 태양계를 탈출한다

꼭 마찬가지다.

궤도 위의 어떤 점에서 갑자기 속도를 늘린 행성의 경우는 공전 운동이 있기 때문에 단순한 상하 운동의 경우와 좀 사정이 다르다. 행성은 태양에서 멀어지는 동시에 태양 둘레를 회전한다. 케플러의 제2법칙에 따라서 궤도를 움직이는 속도도 줄어들지만, 최소가 되는 것은 갑자기 속도를 늘린 점과 정반대인 점, 즉 태양을 중심으로 180° 돈 점이고, 그 점에서는 태양에서의 거리가 최대이므로 원일점(遠日点)으로 불린다.

원일점을 지나면 행성은 다시 태양에 가까워지기 시작하여 속도도 늘어난다. 갑자기 속도를 늘린 점이 이 행성의 새로운 궤도 위에서 태양에 가장 가까운 점으로 근일점(近日点)이라 불린다. 근일점에서는 속도가 최대이다.

〈표 14〉

행성	탈출 속도(매초 ㎞)
수성	68
금성	49
지구	42
화성	34
목성	18
토성	14
천왕성	10
해왕성	8
명왕성	7

근일점에서의 속도가 클수록 원일점은 태양에서 멀어지고 궤도의 타원은 길쭉해진다. 궤도가 길어지는 모양은 근일점에서의 속도가 같은 크기만큼씩 늘어나더라도 점점 더 크게 변화한다. 이것은 태양에서 멀어짐에 따라 행성을 태양 쪽으로 붙들어 두는 힘이 약해지기 때문이라고 생각해도 좋을 것이다.

드디어는 궤도가 무한히 길게 뻗는다. 즉, 타원으로부터 어디까지 가도 닫히지 않는 곡선-포물선이 되어 버린다. 포물선 궤도가 되는 속도는 근일점 거리에 따라서 정해져 있다. 포물선 궤도를 그리는 행성은 태양에서 멀어지기 시작했다면 결코 다시 되돌아오는 일이 없다.

어느 근일점 거리에서 어느 만큼의 속도로 움직이기 시작하면 포물선 궤도가 되는지에 대한 속도를 탈출 속도(脫出速度)라고 한다. 각 행성의 궤도 위의 어떤 점에서의 탈출 속도는 그 점에서 원 궤도로 그렸을 때의 속도에 2의 제곱근, 즉 1.414

를 곱하면 된다.

9개의 대행성에 대응하는 탈출 속도를 〈표 14〉에 실었다.

뉴턴도 케플러의 법칙을 이용했다

〈표 14〉에서, 이를테면 만약 지구가 매초 42㎞ 이상의 속도로 움직이기 시작하면, 태양계를 뛰쳐나가서 다시는 절대 돌아오지 않는다는 사실이 알려진다. 그러나 염려할 것은 없다. 다른 항성(恒星)의 접근을 제외하면 지구가 이렇게 가속될 만한 사건은 절대로 일어나지 않을 터이니 말이다.

가장 먼 행성의 탈출 속도를 계산해 보면 매초 120m, 표면 행성인 경우는 매초 620㎞가 된다.

뉴턴(Isaac Newton, 1642~1727)은 케플러의 3개 법칙을 만유인력(萬有引力)의 법칙을 유도할 때 사용했다. 만유인력의 법칙이 일단 세워지면, 케플러의 제3법칙이 이로부터 얻어지는 것도 뉴턴은 증명하였다. 실제로 뉴턴은 케플러의 제3법칙의 본래 형식〔수식 (2)〕이 엄밀한 것이 아님을 증명했다. 케플러의 제3법칙을 정확한 것으로 하기 위해서는 태양과 행성의 질량(무게)을 고려하여 수식 (2)를 다음과 같이 고쳐 써야 한다.

$$\frac{(M_1+m_1)P_1^2}{(M_2+m_2)P_2^2}=\frac{P_1^3}{D_2^3} \quad \cdots\cdots\cdots\cdots \text{수식 (7)}$$

P_1과 P_2는 앞에서처럼 「행성-1」과 「행성-2」의 공전주기, D_1과 D_2는 이 행성들의 태양에서의 평균 거리이고 m_1과 m_2는 행성들의 질량이다. 또 M은 태양의 질량을 나타낸다.

태양의 질량은 행성의 질량에 비하여 엄청나게 크다. 최대의

반사망원경을 발명한 뉴턴

행성인 목성의 질량이라도 태양의 1/1,000에 지나지 않는다. 따라서 $M+m_1$, $M+m_2$ 대신에 M으로 해도 그리 큰 오차가 생기지 않는다. 그러면 수식 (7)은 다음과 같이 쓸 수 있다.

$$\frac{MP_1^2}{MP_2^2} = \frac{D_1^3}{D_2^3} \quad \cdots\cdots \text{수식 (8)}$$

M이 분모와 분자에 있으므로 지워지고 수식 (2)가 얻어지는 셈이다.

뉴턴의 정확한 형식과 케플러의 더 간단한 형식이 정밀도가 그다지 다르지 않으므로 케플러의 형식만 있으면 충분하다고 생각될지도 모른다.

그런데 뉴턴의 형식 쪽이 더 널리 응용될 가능성이 있다.

목성의 위성은 케플러가 조화법칙을 발표하기 9년 전에 발견되었다. 케플러는 자기의 법칙을 오로지 행성의 운동을 연구함으로써 찾아냈지만, 후에 목성의 위성에 적용해 보니 거기서도 역시 성립하는 것이 확인되었다.

뉴턴은 만유인력의 법칙으로부터 케플러의 3개 법칙이 어느 중심체의 둘레를 다른 천체가 회전하고 있는 경우에도 적용됨을 증명하였다. 또 조화법칙의 엄밀한 형식은 2개 이상이 도는 경우에 동시에 적용할 수 있음을 밝혔다.

뉴턴의 방식으로 계산한다

이를테면, 「행성-1」이 「태양-1」 둘레를, 「행성-2」가 「태양-2」 둘레를 공전하고 있다고 하자. 이때 다음 식이 성립한다.

$$\frac{(M_1+m_1)P_1^2}{(M_2+m_2)P_2^2}=\frac{D_1^3}{D_2^3} \quad \cdots\cdots\cdots\cdots \quad \text{수식 (9)}$$

여기서 M_1과 M_2는 「태양-1」과 「태양-2」의 질량이고 m_1, P_1, D_1은 「행성-1」의 질량, 주기, 거리, 또 m_2, P_2, D_2는 「행성-2」의 질량, 주기, 거리이다.

이제, 이 식을 좀 더 산뜻하게 만들어 보자. 우선 행성의 질량은 태양보다 무시할 수 있을 만큼 작다고 하자. 단, 이것은 우리 태양계에서는 옳지만 다른 태양계에 대해서는 언제나 옳다고 할 수는 없다. 그러나 이 가정을 사용해서 수식 (9)에서 m_1과 m_2를 없애고 다음처럼 바꾸는 것이다.

$$\frac{M_1P_1^2}{M_2P_2^2}=\frac{D_1^3}{D_2^3} \quad \cdots\cdots\cdots\cdots \quad \text{수식 (10)}$$

다음에 태양 둘레를 지구가 돌고 있는 경우를 기준으로 하여

「행성-2」, 「태양-2」라는 것은 지구와 우리 태양이라고 생각하자. 그리고 거리의 단위로 천문단위를 쓴다. 그러면 D_2^3은 1이 되고 만다. 공전주기는 1년 단위로 재기로 한다. 그래서 P_2^2도 1이 되는 셈이다. 또 질량의 단위로 우리 태양의 질량을 쓴다. 즉, M_2도 1이 된다. 수식 ⑽은 다음처럼 간단해진다. 문자의 오른쪽 아래의 작은 숫자는 모두 1이기 때문에 생략하였다.

$$MP^2 = D^3 \quad \cdots\cdots\cdots\cdots \quad \text{수식 (11)}$$

이를테면 다른 태양으로서 지구 자신을 택해 보자. 지구 둘레를 위성이 공전하는 것은 태양 둘레를 행성이 공전하는 것과 꼭 마찬가지로 취급할 수 있기 때문이다. 그리고 지구 둘레를 평균 거리 384,000㎞의 궤도로 공전하고 있는 천체의 주기를 구하는 문제를 생각해 보자. 지금 구하려는 것은 주기이므로 수식 ⑾을 다음처럼 고쳐 쓰기로 한다.

$$P = \sqrt{D^3/M} \quad \cdots\cdots\cdots\cdots \quad \text{수식 (12)}$$

D는 384,000㎞, 즉 0.00256천문단위이다. M은 태양의 질량을 단위로 나타낸 지구의 질량이지만, 지구는 태양의 333,000분의 1의 질량을 가졌으므로 0.000003이 된다. 이 값들을 수식 ⑿에 대입하면 주기 P로서 0.075년, 즉 27일을 얻는다. 실은 384,000㎞란 달의 평균 거리이다. 달의 공전주기(항성에 대한)는 27일이므로 우리의 계산과 들어맞는다. 따라서 뉴턴 형식의 조화법칙이 태양-행성의 경우와 마찬가지로 지구-달의 경우에도 들어맞는 것이 밝혀졌다.

질량도 주기와 거리에서 계산된다

더 나아가서 지구에서 달까지의 거리와 달의 공전주기는 모두 알려져 있고, 태양에서 지구까지의 거리와 지구의 공전주기도 알려져 있으므로 지구의 질량이 알려지면 태양의 질량을 수식 ⑽으로 계산할 수 있다. 또 역으로 태양의 질량을 알면 지구의 질량을 계산할 수 있다.

지구의 질량은 조화법칙과는 관계없는 방법으로 1798년에 밝혀졌다. 그 후부터는 어느 천체 둘레에 다른 천체가 돌고 있고 그 주기와 거리가 알려져 있으면 그 천체의 질량은 곧 알려지게 되었다. 태양계 안에서는 이런 양들을 구하기 어렵지 않다. 이런 까닭으로 위성이 도는 행성인 화성, 목성, 토성, 천왕성, 해왕성의 질량이 상당히 정확하게 얻어졌다.

수성, 금성, 명왕성에는 위성이 알려지지 않았으므로, 이들의 질량을 구하는 데는 간접적인 방법에 의존해야 하기 때문에 질량의 정확도가 높지 못하다. 다만 금성의 질량에 관해서는 금성 로켓의 관측에서 매우 정밀하게 알려지게 되었다.

위성의 질량은 달의 경우를 제외하고, 마찬가지 이유로 정하기가 곤란하다.

위성의 주기, 거리, 궤도 위의 속도는 앞서 행성에 대해서와 마찬가지로 계산할 수 있다.

자세한 계산은 생략하고, 다음에 각 행성의 표면을 스쳐서 도는 위성에 대한 자료를 적어 넣었다.

계산에는 행성의 질량과 반경이 필요하지만, 명왕성에 대해서는 이런 양이 잘 알려지지 않았다. 그래서 대신에 태양을 넣었다.

〈표 15〉

행성	표면 위성주기(시)	주기(분)	속도(매초 ㎞)
수성	1.42	85	3
금성	1.44	87	7
지구	1.41	84	8
화성	1.67	100	4
목성	2.96	177	42
토성	4.21	252	25
천왕성	2.64	159	16
해왕성	2.65	159	17
태양	2.78	167	437

표면 위성의 주기는 행성의 밀도에 따라 결정된다. 밀도가 작을수록 주기가 길어지는 것이다. 태양계 안의 비교적 큰 천체 가운데서는 지구의 밀도가 가장 크다. 따라서 지구의 표면 위성은 주기가 가장 짧은 셈이다.

7장 밤하늘은 왜 어두운가

—우주의 팽창이 밤을 어둡게 하고, 인류를 구제한다는 이야기

우선 태양이 가는 길을 찾자

『피너츠』란 만화를 아시는지? 내 딸 로빈은 이 만화를 아주 좋아하고 나도 좋아한다.

어느 날 딸이 「이 피너츠는 참 재미있어요」 하면서 내게로 오는 것이다. 보아하니 동생이 기분이 언짢은 누나에게 「하늘은 왜 푸르지?」 하고 물었는데, 누나는 「초록색이 아니니까 뭐!」 하고 대답하고 있었다.

로빈의 웃음이 그쳤을 때, 나는 이 틈을 타서 로빈에게 과학적인 이야기를 해줄 생각이 들었다. 그래서 「그러면 로빈, 밤하늘은 왜 어둡지?」 하고 물었다.

그랬더니 딸애는 당장 대답한 것이다. 「보라색이 아니니까 뭐!」 이런 대답이 돌아올 줄은 예상하지 못했다.

다행히도 이쯤으로 낙담할 내가 아니다. 로빈을 도와주지 않는다면, 방향을 독자 여러분으로 돌리기로 하겠다. 밤하늘이 어두운 데 대해서 여러분과 같이 생각해 보기로 한다.

밤하늘이 어두운 까닭에 대한 이야기는 독일 태생의 의사이고 천문학자였던 **올베르스**(Heinrich Wilhelm Matthäuts Olbers 1758~1840)로부터 시작해야겠다. 그는 천문학을 취미로 하고 있었지만, 인생의 중반에서 깊은 실망을 맛봐야 했다. 그 사정은 이렇다…….

18세기 말, 화성과 목성의 궤도 사이에 틀림없이 무슨 행성이 돌고 있을 것이라는 의심을 하기 시작했다. 독일의 천문학자들은 협동해서 황도(黃道) 근방을 몇 개의 구역으로 나누어 분담해서 이 미지 행성을 주의 깊게 찾아보자는 계획을 세우고 있었다. 황도는 항성들 사이의 태양이 지나가는 길로, 행성은 대체로 이 근방에 보이는 것이다. 올베르스는 이 관측 그룹의 중요 일원 중 한 사람이었다.

올베르스와 그 동료들은 극히 계획적이고 철저하였기 때문에 발견의 영예는 당연히 그들의 것이 되어야 마땅한 참이었다. 그러나 말하자면 인생이란 불가사의한 것이다. 그들이 아직도 세밀한 준비에 종사하고 있을 때 **피아치**(Giuseppe Piazzi, 1746~1826)란 이탈리아의 천문학자로 행성을 찾을 생각이 전혀 없던 사람이 발견해 버린 것이다. 1801년 1월 1일 밤의 일이다. 피아치가 찾아낸 것은 항성과 같은 빛의 점이고 다른 행성처럼 원반 모양을 하고 있지는 않았다. 그러나 그것은 항성 사이를 이동하고 있었다. 피아치는 한동안 관측을 계속하며 그 천체의 이동을 뒤따르고 있었다. 그것은 화성보다도 느리고 목성보다는 빨리 움직이고 있었으므로 화성, 목성 사이의 궤도를 도는 행성이 아닌가 하는 많은 의심이 갔다. 그래서 피아치는 문제의 새로운 행성을 발견했다고 학계에 보고하였다. 충분히 준비하고 있던 올베르스가 아니라, 우연히 발견한 피아치가 새로운 행성의 발견자로서 역사에 남게 된 것이다.

올베르스의 역설(逆說)

그러나 올베르스는 이것으로 전면적으로 철수해 버린 것은 아니다. 피아치는 발견 후 한동안 병 때문에 관측할 수 없게 되었던 것 같다. 다시 관측을 시작했을 때는 그 행성이 태양에 가까운 방향으로 이동하고 있어 볼 수 없게 되었다.

피아치의 관측 기간은 너무 짧아서 종래의 방법으로는 그 궤도를 계산할 수 없었다. 이것은 참 딱한 일이었다. 이 느릿느릿 움직이는 행성이 태양의 다른 쪽으로 나와서 다시 관측할 수 있게 되는 것은 몇 달이나 뒤의 일인데 궤도가 제대로 계산되어 있지 않으면 어디를 찾아야 할지도 모르고, 다음 우연히 발견된다 해도 몇 년이나 뒤의 일이 되기에 십상이다.

다행하게도 젊은 독일의 수학자 **가우스**(Carl Friedrich Gauss, 1777~1855)가 새로운 궤도 계산법을 고안해 냈다. 이 방법에 의하면 단 3회의 관측으로 궤도를 알 수 있었다. 또, 더 많은 관측이 있는 경우에는 「최소자승법(最小自乘法)」이란 방법으로 보다 더 확실한 궤도를 구할 수 있게 하였다.

가우스는 피아치의 새로운 행성 궤도를 계산하여 관측될 위치를 예보하였다. 거기에 망원경을 돌린 올베르스는 1802년 1월 1일에 그 신행성을 재발견할 수 있었다.

이 신행성은 케레스(Ceres)로 이름 지어졌다. 케레스는 기묘한 행성이었다. 무엇보다도 지름이 800㎞도 안 되고 다른 행성에 비하면 터무니없이 작아서 당시 알려졌던 위성 가운데 적어도 5개보다도 작았다.

화성과 목성 사이에 존재하는 것은 케레스뿐일까? 독일의 천문학자들은 계속 찾았다. 확실히 저만큼의 준비를 헛되이 하기에는 체면이 깎일 노릇이었으리라. 그런데 실제로 3개의 행성이 화성과 목성 사이에서 발견되었다. 그중 2개, 팔라스(Pallas)와 베스타(Vesta)는 올베르스에 의하여 발견되었다.

그러나 당연한 일이라고 하겠지만, 두 번째 발견자에게는 큰 명예가 주어지는 일이 없다. 올베르스가 이 일에서 얻은 것은 소행성 하나의 이름뿐이었다. 후년에 1,000번째 소행성은 피아

은하계가 멀어지기 때문에 생명은 존재한다

치아로 이름 지었다. 첫 번째 소행성의 발견자 이름 피아치를 라틴어의 여성명사형으로 한 것이다. 1,001번째는 가우시아, 1,002번째가(잘 들으시라) 올베르시아란 이름이 주어졌다.

올베르스는 다른 관측에서도 특히 보답을 받은 일이 없었다. 그는 혜성 수색을 했다가 5개의 혜성을 찾았지만, 이것도 그리 대단한 일이 못 된다.

그러면 올베르스란 이름은 완전히 잊어도 괜찮을까? 아니, 천만의 말씀이다.

도대체 무엇으로 당신이 과학사에 이름을 남기게 될지는 말하기 어려운 일이다. 때로는 꿈과 같은 생각 덕분으로 그럴 수 있다. 1826년 올베르스는 밤하늘이 어두운 이유에 대해서 여러 가지로 상상했던 끝에 얼핏 보아서는 기묘한 결론을 끄집어 냈다.

그래도 그가 공상한 것에는 「올베르스의 역설(逆說)」이란 이름이 붙여졌는데, 다음 세기에 들어서 큰 뜻을 가지게 된 것이다. 사실 올베르스의 역설에서부터 이야기를 시작하면 우주 속에 생명이 존재하는 것은 먼 은하들이 우리로부터 멀어져 가고 있기 때문이란 결론이 유도된다.

먼 은하가 우리에게 어떤 관계가 있다는 것일까? 순서에 따라 그 이야기를 해나가려는 참이니까 참고 들어주시기 바란다.

수백 만의 별이 빛나더라도

옛날 천문학자는 밤하늘이 왜 어두운가 하고 물으면 태양이 없기 때문이라고 대답했을 것이다. 하긴 지당한 말이다. 그렇다면 별은 왜 태양 대신을 못 하는가 하고 다그치면 별의 개수가 한정되었고 하나하나는 어둡기 때문이라는 대답이 돌아올 것이다. 이것도 그럴듯하다. 사실 맨눈으로 볼 수 있는 별은 모두 합쳐도 태양의 20억 분의 1의 밝기밖에 안 된다. 따라서 이런 별들 때문에 밤하늘의 어둠이 영향을 받는 일은 없다고 해도 좋다.

19세기가 되어서 별의 개수가 한정되어 있기 때문이라는 것은 이유가 되지 못한다는 사실이 알려지게 되었다. 별의 개수는 막대하다. 큰 망원경으로 관측하면 몇백만인지 헤아릴 수도 없는 별들이 있음이 밝혀졌다.

수백만의 별이 있어도 맨눈에는 보이지 않으니까 밤하늘을 밝게 할 리가 없다고 말할 사람이 있을지도 모른다. 그러나 이것도 잘못이다. 은하수의 별들은 하나하나는 너무 어두워서 안 보일지 모르지만, 많이 모여 있기 때문에 흐릿한 빛나는 띠로 보인다. 안드로메다자리 대성운(은하)은 은하수보다 훨씬 멀어서 그 안의 별은 가장 밝은 종류의 것만 대망원경으로 겨우 관측할 수 있는 데 지나지 않지만 역시 집단으로서는 흐릿하게 맨눈으로도 알아볼 수 있다. 이것은 망원경을 쓰지 않고 볼 수 있는 가장 먼 천체이다. 그래서 누가 당신은 얼마나 먼 물체까지 볼 수 있는가 하고 물으면 200만 광년이라고 답하면 된다.

결국 멀리 있는 별은—아무리 멀고 하나하나는 아무리 어둡더라도—충분히 조밀하게 모여 있다면, 맨눈으로도 알아볼 수 있다는 이야기가 된다.

올베르스는 안드로메다은하가 무엇인지는 몰랐지만, 은하수가 어두운 별의 모임임을 알고 있었다. 그래서, 먼 별에서 오는 빛은 전체로서 얼마나 되는지를 생각해 보았다. 그는 우선 3개의 가정을 세웠다.

1. 우주는 한계가 없다.
2. 별의 수도 한계가 없고, 우주 속에 고르게 흩어져 있다.
3. 별의 평균 밝기는 어디서나 똑같다.

우주를 양파처럼 잘라 본다

이제 우리를 중심으로 하여 우주 공간을 양파처럼 껍질로 나누어서 생각해 보자. 개개의 껍질의 두께는 우주 공간의 크기에 비하면 얇은 것이지만 그 속에 별을 포함할 만큼의 크기라고 하자.

개개의 별에서 우리에게 도달하는 빛은 거리의 2제곱에 반비례해서 약해진다. 즉, 본래는 같은 밝기인 두 별이 있다고 할 때 만약 A별이 B별의 3배 멀다면, A별의 겉보기 밝기는 B별의 9분의 1이 된다. 또 A별이 B별의 5배의 거리에 있으면 밝기는 25분의 1이 된다……는 식이다.

이것은 지금 생각하고 있는 껍질에 대해서도 적용된다. 우리로부터 거리가 2000광년인 껍질 속 평균적인 밝기의 별은 1000광년의 껍질 속 평균적 밝기의 별과 비교하면, 겉보기의 밝기는 1/4이다. 제3의 가정에 의해서 어느 껍질이나 평균적인 밝기의 별의 본래 밝기는 마찬가지다. 따라서 겉보기 밝기는 거리만으로 정해진다. 또 거리가 3000광년인 껍질 속 평균적 밝기의 별은, 1000광년의 껍질 속 평균 밝기의 별과 비교하면 겉보기 밝기는 1/9이다.

그러나 밖으로 나감에 따라서 껍질의 체적은 불어간다. 껍질은 그 반경에 비하여 얇다고 가정하고 있으므로 그 체적은 그가 싸고 있는 공의 표면적에 비례한다고 생각해도 좋다. 즉 껍질의 체적은 그 반경의 2제곱에 비례한다. 우리로부터의 거리, 즉 반경이 2000광년인 껍질은 1000광년인 껍질의 4배의 체적을 가진다. 반경이 3000광년인 껍질은 1000광년인 껍질의 9배의 체적을 가진다.

만약 별이 우주 공간에 고르게 분포하고 있다고 하면(제2의 가정), 어떤 껍질 속 별의 수는 그 껍질의 체적에 비례하는 셈이 된다. 2000광년의 껍질은 1000광년의 껍질의 4배의 체적이므로 그 속에 포함되는 별의 수도 4배다. 3000광년의 껍질은 1000광년의 껍질의 9배의 체적이 되므로 별의 수도 9배이다.

하늘을 꽉 메꾸는 별들

그런데 2000광년의 껍질은 1000광년인 껍질의 4배의 체적이 있고, 그 속에 하나하나의 별은 평균해서 1000광년의 껍질 속 별의 1/4의 밝기를 가졌으므로, 2000광년의 껍질에서 오는 별빛을 모두 모은 것은 1000광년의 껍질에서 오는 별빛을 모두 모은 것의 4×(1/4)배가 된다. 즉, 2000광년의 껍질에서 오는 빛과 1000광년의 껍질에서 오는 빛은 각각 합계하면 서로 같아진다.

비슷한 계산으로 이를테면, 3000광년의 껍질에서 오는 빛과 1000광년의 껍질에서 오는 빛도 서로 같다는 이야기가 된다.

위의 이야기를 요약해서 말하면 만약 우주를 껍질로 나누어서 생각할 때, 각각의 껍질에서 오는 빛은 모두 같다는 이야기가 된다. 그리고 만약에 우주에 한계가 없다면(제1의 가정), 껍질의 개수가 무한하다면 우주 안의 별은 개개의 겉보기 밝기가 아무리 미약하더라도 전체로서 무한대의 빛을 지구로 보내올 것이다.

이 논의에서 한 가지 마음에 걸리는 일은 먼 별로부터 오는 빛은 그 앞에 있는 별에 차단되리라는 점이다.

이 영향을 고려하기 위해서 다른 각도로 이 문제를 다루어 보기로 한다. 만약 제2의 가정이 옳고 별이 무한정으로 흩어져 있다고 하면, 어느 방향을 바라보더라도 거기에는 별이 보일 것이다. 그 별 1개로는 보이지 않더라도 하늘의 작은 부분을 빛으로 메꾸고 있고 그 둘레는 다른 별빛이 모두 메꾸고 있을 것이다.

그렇게 되면 밤하늘은 별빛으로 도배되다시피 할 것이다. 낮

우주의 별이 한없이 많다면 지상의 생명은 존재하지 못한다

하늘도 별빛으로 메꾸어져서 태양이 어디 있는지 알 수도 없는 상태가 된다.

이런 하늘은 태양의 약 15만 배의 밝기를 가진다. 만약 그렇게 된다면 지상에 생명이 존재할 수 있을까? 그런데 하늘은 태양의 15만 배나 밝지는 않다. 밤하늘은 어둡다.

올베르스의 역설 어디에 잘못이 있는 것일까?

무언지 하늘이 이처럼 밝게 빛나는 것을 방해하는 원인이 있는 것일까?

별의 밀도는 멀리 가면 떨어지는 것일까?

올베르스 자신은 그 까닭을 알고 있다고 생각하였다. 그것은 우주 공간이 참으로 투명하지는 않다는 것이다. 즉, 우주 공간에는 먼지나 가스구름이 떠돌고 있어 별빛을 거의 다 흡수해 버리고 지구에 다다르는 빛은 그중 극히 일부에 지나지 않는다는 것이다.

이는 그럴듯한 설명처럼 보이지만 실은 전혀 틀린 것이다. 우주 공간에는 사실 먼지구름이 존재하지만, 만약에 이런 구름이 별빛을 흡수하면 그리고 올베르스의 역설이 성립하고 구름에 쬐는 별빛도 상당히 강하다면 구름의 온도는 올라가서 드디어는 스스로가 빛을 내기에 이르리라. 그래서 결국 구름은 흡수한 것과 같은 만큼의 빛을 내는 셈이 되어 지구의 하늘은 역시 온통 별빛으로 메꾸어질 것이다.

그러나 추론 과정에는 잘못이 없는데 결론은 역시 이상하다. 이렇게 되면, 생각을 고쳐 볼 필요가 있는 것은 본래의 가정이다. 이를테면 제2의 가정은 옳은가? 별은 참으로 무한정으로 많고 우주 공간에 골고루 흩어져 있을까?

올베르스의 시대에도 이 가정이 잘못이라고 생각할 근거가 있는 듯 생각되었다. 독일 태생, 영국의 천문학자 **허셜**(William Herschel)은 별의 개수를 밝기에 따라서 헤아려 보았다. 그래서 이것은 제3의 가정에서 말한 데서 유도되는 것이지만 어두운 별은 밝은 별보다도 평균적으로 생각하여 더 멀다고 쳐서, 우주 공간에서 별의 밀도가 멀리 갈수록 적어진다는 것을 알아냈다.

여러 방향에서 밀도의 적어지는 비율로부터 허셜은 별이 렌즈 형태의 집단을 이루고 있다는 결론을 냈다. 그 지름은 허셜의 계산에 의하면 태양에서 목동자리의 아르크투루스까지 거리의 150배로 전 집단은 1억 개의 별들로 되어 있다는 것이었다. 지금은 아르크투루스의 거리가 알려져 있으므로 이것을 곱하면 6000광년이 된다.

이것으로 올베르스의 역설은 해결된 듯이 보였다. 렌즈 모양을 한 집단(은하계)이 존재하는 모든 별을 포함하고 있다면 제2의 가정은 성립하지 않는다. 은하계 바깥에는 공간이 무한히 뻗어 있더라도(제1의 가정) 거기에는 별이 존재하지 않아서 아무런 빛도 나오지 않는 셈이다. 따라서 별이 포함된 '껍질'의 개수는 유한하고 지구에 도달하는 빛도 유한하다. 그리고 그다지 많지 않다. 이것이 밤하늘이 어두운 까닭으로 생각될 것이다.

은하계의 크기는 허셜의 시대와 비교하면 훨씬 더 큰 것으로 알려졌다. 현재 값은 지름이 6000광년이 아니라 10만 광년, 별의 개수는 1억이 아니라 1500억이다. 그러나 이 변화는 근본적으로 중대한 것이 아니다. 새로운 값으로 계산해도 밤하늘은 역시 어두운 셈이다.

우주에는 1000억 개의 은하계가 있다

20세기에 들어서 올베르스의 역설은 다시금 햇빛을 보게 되었다. 왜냐하면 우리 은하(계) 밖에도 사실은 별이 존재한다는 것이 알려졌기 때문이다.

안드로메다자리에 있는 희미한 빛의 덩어리는 19세기 동안 우리 은하 속에 있는 빛나는 구름이라고 생각되어왔다. 그런데 다른 희미한 빛의 덩어리, 이를테면, 오리온자리의 대성운(大星雲)은 그 안에 구름을 빛나게 하는 별을 포함하고 있었다. 한편, 안드로메다자리의 빛의 구름은 그런 별이 없고 스스로 빛나고 있는 듯했다.

우주에는 1천억 개의 은하계가 있다

이것은 우리 은하에 속하는 것이 아닐까 하고 의심하는 천문학자도 있었지만, 결정적인 해결을 본 것은 1924년, 미국의 천문학자 **허블**(Edwin Powell Hubble, 1889~1953)이 2.5m 반사망원경을 안드로메다자리의 빛나는 구름으로 돌려서 그 주변부에 극히 희미한 별을 발견하였을 때였다. 그 별들의 겉보기 밝기로부터 이 구름이 은하에서 훨씬 먼 곳에 있는 것이며 그래도 저만큼의 크기로 보이는 이상 은하에 필적할 만한 큰 것임이 밝혀졌다.

현재 그것은 200만 광년의 거리에 있고 적어도 2000억의 별을 포함한 것으로 믿어지고 있다. 이보다 더욱더 먼 곳에도 수많은 은하가 존재한다는 사실이 알려지고, 지금 관측할 수 있는 우주에는 1000억 개의 은하들이 있는데 가장 먼 것은 60억 광년이나 되는 거리에 있다고 한다.

올베르스의 3개의 가정에서 「별」이란 말을 「은하」로 바꾸면 어떻게 될까?

제1의 가정, 즉 우주에는 한계가 없다는 것은 옳은 듯하다. 몇십억 광년 저쪽에서도 아직 우주의 끝에 다다르지 못하고 있다.

제2의 가정, 은하(별이 아니라)의 수가 무한하고 우주 공간에 고르게 흩어져 있다고 하는 것도 옳게 생각된다. 적어도 우리가 관측할 수 있는 범위에서는 그렇고, 우리는 상당히 멀리까지 관측하고 있다.

제3의 가정, 은하(별이 아니라)는 평균해서 생각하면 어느 장소에서도 같은 밝기를 가지고 있다는 증명이 어렵다. 그러나 멀리 있는 은하가 가까운 데에 있는 은하보다도 평균적으로 더 크다거나 작다고 생각할 근거도 없다. 그리고 크기가 같고 포함하고 있는 별의 수도 다르지 않다면 밝기도 같다고 생각해도 좋을 것이다.

자, 그렇다면 밤하늘은 왜 어두운 것일까? 우리는 다시 이 문제에 되돌아왔다.

우주는 유한하다

다른 방면으로부터 이 문제를 공격해 보자. 천문학자는 멀리서 빛을 내는 물체가 우리에게 가까워지고 있는지 멀어지고 있는지를 그 스펙트럼의 연구로부터 결정할 수 있다. 즉, 그 물체에서 온 빛을 무지개처럼 여러 색으로 나누어 파장이 짧은 보라색에서 파장이 긴 붉은색까지 자세히 조사하는 것이다.

스펙트럼은 어두운 선이 들어 있다. 이들 어두운 선의 위치는, 빛을 내는 물체의 거리가 변치 않으면 정해진 곳에 있다.

만약 그 물체가 우리에게 가까워지고 있다면 어두운 선은 보라색 쪽으로 옮겨간다. 만약 물체가 멀어져 가고 있으면, 반대로 붉은색 쪽으로 옮겨간다. 그 이동한 양으로부터 천문학자는 그 물체가 얼마의 속도로 가까워지고 또는 멀어지고 있는지를 결정할 수 있다.

1910년대에서 1920년대에 걸쳐 몇 개 은하의 스펙트럼이 연구되었다. 그랬더니, 극히 가까운 1, 2개를 제외하면 어느 것이나 우리에게서 멀어져가고 있다는 사실이 알려졌다. 그리고 먼 은하일수록 큰 속도로 후퇴하고 있다는 것도 곧 밝혀지게 되었다. 허블은 현재 「허블의 법칙」으로 불리는 법칙을 1929년에 발표했다. 이것은 은하의 후퇴 속도(後退速度)가 그 거리에 비례한다는 것이다. 지금 가령 A란 은하가 B란 은하보다 2배 멀었다면, A는 B의 2배의 속도로 후퇴하고 있다. 관측된 것 중 가장 먼 은하는 60억 광년의 거리에 있는데, 이는 빛의 1/2의 속도로 후퇴하고 있다.

허블의 법칙이 성립하는 이유는 우주가 팽창하고 있기 때문이라고 생각된다. 이 팽창은 아인슈타인(Albert Einstein, 1879~1955)의 일반상대론에서 유도되는 것이다—아시모프의 18번이 이제 시작이로구나 하는 소리가 들리므로 여기서는 상대론 이야기에 깊이 들어가지 않기로 단언한다.

우주가 팽창하고 있다는 사실이 올베르스의 역설에 어떤 영향이 있단 말인가?

만약 60억 광년 거리에 있는 은하계가 빛의 1/2의 속도로 후퇴하고 있다면, 그리고 허블의 법칙이 들어맞는다면 120억 광년 떨어진 은하계는 빛과 같은 속도로 후퇴하고 있는 셈이다. 그보다 먼 거리란 것은 뜻이 없다. 왜냐하면 빛의 속도보다 큰 속도는 있을 수 없기 때문이다. 설사 있다 하더라도 그런 속도로 멀어지는 은하로부터는 빛이 도착할 수 없다. 즉, 아무런 「정보」도 우리에게 다다르지 못한다. 그래서 그런 은하는 사실상 우리 우주에 속하지 않는 것이라고 생각해도 좋을 것이다. 따라서 우주는 결국 유한(有限)한 것이 되는 셈이고 그 반경, 이른바 「허블 반경」은 약 120억 광년이 된다. 1973년에 준성(準星, 퀘이사, Quasar)이 이 거리에서 발견되어 신문은 곧, 우리는 「우주의 끝」을 보았다는 뜻의 표제를 내걸었다.

약해지는 빛의 에너지

그러나 위의 이야기가 올베르스 역설의 해결이 되는 것은 아니다. 아인슈타인의 상대론에서는 은하의 움직이는 속도가 크면 클수록 운동 방향으로 짧아지고 체적이 점점 줄어들어 간다. 따라서 어떤 크기의 장소에 그만큼 많은 은하가 들어가는 셈이다. 사실, 반경이 120억 광년이란 유한한 우주 속에서도 무한히 많은 은하가 존재할 수 있다. 거의 전부가 우주의 가장 바깥쪽 몇 킬로미터 범위에, 종이처럼 얇아져서 메꾸어져 있는 것이다.

그래서 제2의 가정은 제1의 가정이 성립되지 않더라도 성립한다. 그리고 제2의 가정만 성립하면, 제1의 가정 없이라도 하늘이 별빛으로 밝게 빛나는 일이 일어날 수 있다.

그러나 스펙트럼에 보이는 어두운 선의 이동을 고려하면 어떻게 될까?

스펙트럼의 어두운 선이 이동하는 것은 스펙트럼이 전체로서 이동하기 때문이다. 먼 은하의 스펙트럼은 붉은색 쪽으로 이동하고 있는데, 이것은 에너지가 작은 쪽으로 이동하는 것이다. 후퇴하고 있는 은하에서 오는 빛은 그 은하가 정지하고 있을 때보다도 에너지가 약해진다. 은하의 후퇴 속도가 커지면 커질수록 그 은하에서 지구로 내리쪼이는 빛의 에너지는 약한 것이 된다. 빛과 같은 속도로 후퇴하고 있는 은하로부터는, 그것이 아무리 밝은 은하일지라도 우리에게 전혀 에너지가 도달하지 않는다.

이런 까닭으로 제3의 가정이 성립하지 않는 셈이 된다. 이 가정은 우주가 정지 상태에 있다면 성립할 것이다. 그러나 팽창하고 있는 우주에는 들어맞지 않는다. 팽창 우주에서는 바깥쪽으로 갈수록 큰 후퇴 속도 때문에 거기서 지구까지 도달하는 에너지는 작아지는 것이다.

이처럼 제3의 가정이 성립하지 않는 덕택으로 지구로 내리쪼이는 빛의 에너지는 한정된 것이 되어 밤하늘은 어둡다.

은하들의 후퇴로 우리는 살아갈 수 있다

현재 가장 널리 인정되고 있는 생각에 의하면 이 우주의 팽창은 언제까지나 계속되는 셈이다. 새로운 은하들이 태어나는 일 없이 팽창이 계속되므로 우리 은하와 둘레의 몇 개 은하들은 우주 속에 홀로 남게 될 터이다. 이 은하들을 「국부은하군(局部銀河群)」이라고 부르지만, 그 밖의 은하들은 모두 멀리 가 버려서 관측할 수 없다. 이런 생각도 있지만, 또 다른 생각에 의하면, 새로운 은하들이 잇달아 태어나서 팽창은 계속되더라도 우주는 언제나 은하들로 메꾸어져 있다고도 말한다. 그 어느 쪽에서나 팽창이 멎지 않는 덕분으로 밤하늘은 언제까지나 어둡다.

그런데 우주는 팽창과 수축을 되풀이하고 있다는 설도 있다. 이 설에 의하면 팽창이 차츰 느려져서 나중에는 멎어버린다. 그래서 다음에는 수축을 시작한다. 수축의 속도는 차츰 늘어난다. 드디어는 우주 전체가 조그만 공처럼 되어버린다. 그러면, 그 공이 폭발해서 새로운 팽창이 시작한다고 하는 것이다.

만약 그렇다면, 팽창이 느리게 됨에 따라서 빛이 약해지는 비율도 줄어들고 밤하늘은 차츰 밝기를 증가하는 셈이다. 우주가 정지 상태가 되는 날에는 올베르스의 역설대로 밤하늘은 별빛으로 온통 메꾸어질 터이다. 그리고 우주가 수축을 시작하면 스펙트럼은 반대로 보라색 쪽으로 이동하여 지구에 내리쪼이는 빛은 점점 더 강해지기만 한다는 현상이 시작된다.

이것은 지구에 대해서뿐만 아니라, 우주의 어느 천체에도 들어맞는다. 정지(靜止) 우주나 수축(收縮) 우주에서는 올베르스의 역설에 의하여 차가운 물체란 존재하지 않는다. 아니, 고체마저 존재하지 않는다. 어디서나, 수백만 도란 고온이 이루어지리라. 그리고 생명이란 우주로부터 사라져버릴 것이다.

이런 까닭으로 앞서 말한 것처럼 지구이건 혹은 우주의 어느 곳이든 간에 생명이 존재하는 것은 먼 은하들이 멀어져 가고 있기 때문이다.

이것으로 올베르스의 역설에 대해서 무척 자세하게 이야기한 셈이 된다. 밤하늘이 어둡다는 데서부터, 먼 은하들이 후퇴하고 있어야만 한다는 결론이 나온다는 까닭도 이제 이해했을 것으로 생각한다. 우리는 프랑스의 철학자 **데카르트**(René Déscartes,

1596~1650)의 유명한 말을 수정할 수 있으리라.

데카르트는 말했다.

—「나는 생각한다. 그러므로 나는 존재한다」

이 말에 이렇게 덧붙인다.

—「나는 존재한다. 그러므로 우주는 팽창한다」

8장 트로이의 널

—지구에는 달 이외에도 작은 위성이 있다는 이야기

소행성대는 과연 위험지대인가

내가 맨 처음으로 출판했던 이야기(1939)는 소행성대(小行星帝) 속에서 위기에 빠져든 우주선에 관한 것이었다. 그 가운데서 선장이 황도면(黃道面)을 떠나려고 하지 않는 무모함을 그려냈다. 황도면이란 지구가 태양 둘레를 공전하고 있는 궤도가 있는 평면이고, 태양계 안의 대부분의 천체는 이쪽 면 근처에 있다. 황도면 안에서 우주선이 계속 날고 있으면 반드시 소행성과 부딪치는데도 그 면의 위나 아래로 나와 소행성대를 피하려고 들지 않는다는 것이 그 이야기의 줄거리였다.

그 당시 내가 머릿속에서 그리고 있던 소행성대는 해변의 작은 바위들처럼 소행성이 수두룩하게 들어 있는 것이었다. 지금도 많은 작가나 독자는 이러한 이미지를 가지고 있다. 광산쟁이가 이쪽 소행성에서 저쪽 소행성으로 날아 옮기면서 광맥을 찾거나, 어느 소행성에서 천막을 치고 있는 사람이 이웃 소행성으로 건너간 사람에게 손을 흔든다는 등의 이야기가 쓰여 있다.

이런 이야기는 어느 정도까지가 사실일까? 현재까지 확인된 소행성은 1,800개 정도 된다. 물론, 실제는 이보다 훨씬 많은 소행성이 존재하리라. 나는 총수가 10만 개란 추정을 읽은 일이 있다.

대부분의 소행성은 궤도가 화성과 목성 사이에 있고 황도면과 궤도의 기울기는 30° 이내이다. 이 범위에 드는 공간의 체적은—가만있자, 흠—800,000,000,000,000,000,000,000,000㎦ 정도다. 만약, 소행성의 개수를 넉넉히 20만 개로 가늠하더라도 1개의 소행성에 대해서 4,000,000,000,000,000,000㎦의 공간이 존재하는 셈이다.

소행성이 밀집하는 소행성대의 비행은 과연 안전할까?

이것은 소행성들 사이의 평균 거리가 1600만 킬로미터가 됨을 나타내고 있다. 소행성이 비교적 밀집하고 있는 곳에서는 평균 거리가 160만 킬로미터라고 생각해도 좋다. 소행성 대부분의 지름이 1㎞도 못 되는 것을 생각하면, 어느 소행성에서 다른 소행성을 맨눈으로 볼 수는 없고 소행성 위에서 천막을 친 사람은 외롭고 광산쟁이는 이웃 소행성으로 옮겨가는 데 고생 꽤 하게 생겼다.

1973년, 파이어니어 10호는 목성으로의 비행 도중 소행성대를 가로질렀으나 아무런 지장도 없었다. 장래의 우주비행사는 외행성(外行星)에의 왕래에서 언제나 소행성대를 지나가게 되겠지만 그들은 아무것도 보지 못할 것이다. 위험투성이라기는커녕, 「소행성이 보인다」는 외침에 우주복 차림의 승무원들은 일제히 창가로 달려갈 것이다.

소행성의 궤도를 교란하는 목성

실제로는 소행성대에 소행성이 고르게 흩어져 있다고 생각해서는 안 된다. 많이 몰려 있는 부분도 있고 소행성이 거의 없는 빈틈과 같은 곳도 있는 것이다.

몰려 있는 곳이든 빈틈이든, 그것이 생긴 원인은 목성의 큰 인력에 있다.

소행성이 자기의 궤도에 따라 움직이고 있을 때, 목성에 가장 가까워진 곳에서 가장 큰 인력을 받는다. 그리고 소행성의 궤도가 제일 심하게 교란되는 곳도 바로 이곳이다. 이것을 천문학에서는 「섭동(攝動)을 받는다」고 말한다.

보통 소행성이 목성에 접근하는 것은 소행성의 궤도 위의 여러 점에서 일어난다. 그리고 목성의 인력은 그때마다 틀린 방향으로 소행성을 끌어당긴다. 때로는 위로, 때로는 아래로, 또 어떤 때는 앞이나 뒤로, 소행성의 궤도는 평균해서 보면 변치 않는 셈이다.

그런데 태양에서 5억 킬로미터 떨어진 궤도를 돌고 있는 소행성을 생각해 보면 그 공전주기는 6년이고 목성의 공전주기인 12년의 딱 절반이 된다. 어느 때, 그 소행성이 목성에 접근했다고 하면, 그 12년 후에는 목성이 딱 한 바퀴, 소행성은 두 바퀴를 돌았으므로 두 별의 위치 관계는 12년 전과 매우 비슷한 셈이 된다. 이것이 12년마다 되풀이된다. 소행성은 2주 할 때마다 똑같이 목성에 끌린다. 섭동은 상쇄되는 일이 없고 반대로 점점 더 쌓이게 된다.

만약 목성에 접근할 때마다 앞으로 끌린다면 그 소행성의 궤도는 커지고 1주 하는 길이는 늘어날 것이다. 그래서 목성 주기의 딱 절반이 되는 관계가 성립하지 않게 되어 섭동이 쌓이는 일이 없어진다.

커크우드의 빈틈

만약 목성으로 접근할 때마다 뒤로 끌린다면 궤도는 태양에 가까워져서 주기는 짧아진다. 그래서 역시 목성의 주기와 맞지 않아 섭동의 축적이 끝난다.

이렇게 해서 목성 주기의 1/2이란 주기를 가진 소행성은 자취를 감추어 버리는 셈이 된다. 처음에 그런 장소에 있던 소행성 중 어떤 것은 더 바깥쪽으로 또 어떤 것은 더 안쪽으로 궤도가 변해 버린다.

1655년, 하위헌스는 토성 띠와 위성을 발견하였다

소행성의 주기가 4년인 곳에서도 이와 비슷한 일이 일어난다. 여기서는 3주 할 때마다 목성과 같은 위치의 관계로 접근하게 된다. 만약 4.8년의 주기를 가진 소행성이 있다면 5주 때마다 목성과 같은 장소에서 접근하는 셈이다. 이런 식으로 비슷한 현상이 일어나는 소행성의 주기가 몇 개 존재한다.

소행성대 가운데 목성 때문에 소행성이 없어진 장소를 「**커크우드**의 빈틈」이라고 부른다. 이것은 미국의 천문학자 **커크우드**(Daniel Kirkwood, 1814~1895)와 관련지어 이름 지어진 것인데 그는 1876년에 이러한 빈틈의 존재를 발견하여 그 뜻하는 바를 옳게 설명했다.

1675년, 카시니는 토성 띠의 빈틈을 정확히 산출했다

토성의 띠에도 빈틈이 있다

이와 꼭 마찬가지의 일이 토성의 띠에서도 일어나고 있다. 띠는 1655년 네덜란드 천문학자 **하위헌스**(Christian Huygens, 1629~1695)에 의하여 발견되었다. 그에게는 이것이 토성을 둘러싸고 있지만, 어디도 토성에 닿지 않는 하나의 띠처럼 보였다. 그런데 1675년에 이탈리아 태생인 프랑스의 천문학자 **카시니**(Giovani Domenico Cassini, 1625~1712)는 띠가 밝은 안쪽 부분과 좀 어두운 바깥쪽 부분으로 갈라져서 그사이는 좁은 빈틈으로 되어 있음을 발견했다. 이 빈틈은 오늘날 「카시니의 빈틈」으로 불리는데 폭은 5,000㎞ 정도이다.

1850년, 3번째의 극히 어두운 띠가 그때까지 알려졌던 띠의 더 안쪽에 있는 것을 미국의 천문학자 **본드**(George Phillips

Bond, 1825~1865)가 발견했다. 이 띠는 너무 희미하기 때문에 「면사포 띠」로 불린다. 면사포 띠와 안쪽의 밝은 띠 사이에는 1,500㎞ 정도의 빈틈이 존재한다.

1859년, 영국의 물리학자 **맥스웰**(James Clerk Maxwell, 1831~1879)은 인력의 계산으로부터 띠는 한 장의 판으로 된 것이 아니라 많고 작은 돌조각 같은 것으로 이루어졌고, 멀리 있기 때문에 판처럼 보인다는 사실을 증명했다. 면사포 띠에서는 조각들이 밝은 띠에 비해서 성글게 분포되었으며, 이것이 면사포 띠가 희미한 이유다. 이 이론적인 예언은 띠의 공전주기가 스펙트럼에 의하여 측정되면서 확인되었다. 공전주기는 장소에 따라 달랐다. 만약 한 장의 판으로 되었다면 공전주기는 어디서나 같을 것이다.

면사포 띠의 가장 안쪽 부분은 토성의 표면에서 11,000㎞밖에 떨어지지 않았다. 거기서 돌고 있는 조각들은 공전주기가 가장 짧고 약 3시간 15분이다. 밖으로 나감에 따라서 공전주기는 길어져서 띠의 가장 바깥쪽을 돌고 있는 조각들의 공전주기는 13시간 반이다.

왜 빈틈은 깨끗한가?

만약 카시니의 빈틈에 조각들이 존재한다면 주기는 11시간 남짓이 될 것이다. 그러나 거기에는 조각들이 없다. 어두운 빈틈으로 보이는 것은 이 때문이다.

왜 그럴까?

토성에는 9개의 위성이 있고 띠를 이루고 있는 조각들의 운동에 섭동(攝動)을 미치고 있다. 토성의 가장 안쪽 위성 미마스

(Mimas)는 띠의 바깥 가장자리에서 불과 75,000㎞인 곳을 공전하고 있고 주기는 22.5시간이다. 두 번째 위성 엔켈라두스의 주기는 33시간, 3번째 위성 테티스(Thetis)의 주기는 44시간이다. 그런데 1966년에 미마스보다도 토성에 가까운 곳을 돌고 있는 야누스가 발견되었다. 그러나 작기 때문에 그 영향은 무시된다.

카시니의 빈틈에 있는 조각들의 공전주기는 미마스의 1/2, 엔켈라두스의 1/3, 테티스의 1/4에 해당한다. 이래서는 그 장소가 청소되어 버려도 이상한 일은 아니다.

안쪽의 띠와 면사포 띠 사이의 빈틈은 공전주기가 7시간 남짓한 곳에 해당한다. 이는 미마스의 공전주기 1/3, 테티스의 공전주기의 1/6과 같다. 띠 속에는 이 밖에도 빈틈 같은 것이 있고 마찬가지로 설명된다.

여기서 나는 아직 아무도 지적한 일이 없는 기묘한 일에 관해서 이야기하고 싶다. 천문 서적을 보면, 화성의 안쪽 위성 포보스(Phobos)는 화성의 자전보다도 빨리 공전하고 있다는 이야기가 자주 실려 있다. 화성은 24.5시간으로 1회 자전하고 포보스는 불과 7.5시간으로 1회 공전한다. 태양계 안에서 중심 행성보다도 빨리 공전하고 있는 위성은 이것뿐이라고도 쓰여 있다.

이는 상당한 크기를 가진 자연의 위성만을 생각한다면 맞는 말이다. 그런데 토성의 띠 속 조각 하나하나도 위성인데 이것들까지 고려한다면 이야기는 달라진다. 토성의 자전주기는 10.5시간이다. 그리고 면사포 띠와 밝은 띠의 안쪽 부분에 있는 조각들은 이보다도 짧은 주기로 공전하고 있다. 그래서 포보스와 같은 위성은 1개는커녕 수없이 존재하는 셈이다.

또, 미국이나 러시아(구소련)가 쏘아 올린 인공위성도 대개는 24시간보다 짧은 주기를 가지고 있다. 이들 역시 포보스형이다.

소행성을 한 점으로 모은다

인력으로 인한 섭동(攝動)은 어느 장소로부터 소행성을 청소해 버리는 작용을 할 뿐만 아니라, 어떤 장소로 모으는 작용도 한다.

이것을 설명하기 위해서는 그 배경이 될 사실로부터 시작하는 편이 좋을 것 같다. 상대성원리(相對性原理)에 의한 보정을 고려하지 않는다면, 뉴턴의 만유인력(萬有引力)의 법칙을 써서 「이체문제(二休問題)」를 완전히 풀 수가 있었다. 즉, 우주 안에 2개의 물체밖에 없고, 어느 순간에서 2개 물체의 위치와 운동이 알려져 있으면 과거나 미래의 언제 어떤 시각의 위치와 운동이라도 엄밀하게 예언할 수 있는 것이다.

그러나 우주에는 2개의 물체밖에 존재하지 않는다는 일이 없다. 이체문제 다음으로는 삼체문제가 되는 셈이지만, 이것이 벌써 풀리지 않는 것이다. 우주에는 수많은 천체가 존재하는데, 겨우 3개의 천체만 존재한다고 가정해도 그 운동을 엄밀하게 예측하기는 일반적으로 불가능하다.

다행히도 천문학자들은 실용적인 뜻으로 천체의 운동을 예언할 수가 있는 것이다. 이를테면, 지구의 운동을 연구하는 경우, 우선 지구와 태양만을 생각한다면 이체문제가 되어 완전히 운동을 예측할 수 있다. 그러나 실제로는 달이나 목성 기타 행성의 영향도 고려해야 한다. 사실은 태양이 엄청나게 큰 천체이므로 우선 태양과 지구만을 생각한 운동을 구하고 여기에 달이나 행성의 영향을 더해가는 방법을 취할 수 있다. 정확한 궤도를 계산할 때는 작은 영향까지 고려해야 한다.

방침은 이렇지만, 실제 계산은 커다란 일이다. 달의 위치를 상당한 정확성으로 나타내는 수식은 수백 페이지에 걸친다. 이런 수식을 써서 비로소 몇 세기 뒤의 일식을 정확히 예보한다는 일이 가능해진다.

라그랑주의 발견

천문학자들은 이것만으로 만족하지 않았다. 작은 영향을 차례차례 계산에 넣어 가는 방식이 아니라, 천체의 운동을 전체적으로 나타내는 수식을 만들 수 없을까, 하다못해 3개의 천체만을 생각할 경우는 어떨까?

이 이상에 가장 접근한 천문학자는 프랑스의 **라그랑주**(Joseph Louis Lagrange, 1736~1813)였다. 1772년, 그는 삼체문제가 풀리는 특별한 경우를 발견했다.

천체 A(이를테면 태양) 둘레를 천체 B(이를테면 목성)가 공전하고 있고, 이 밖에 극히 작은 제3의 천체 C가 존재하는 경우에 C가 어느 정해진 장소에 있으면 C는 B와 똑같은 주기로 공전한다는 것이 라그랑주가 발견한 사실이다. 이 특별한 경우에는 3개의 천체 운동이 완전히 결정되었다고 할 수 있다.

그 정해진 장소는 다섯 군데 있다. 이들은 「라그랑주 점」으로 불리고 그중 3개 L_1, L_2, L_3은 A와 B를 잇는 직선 위에 있다. L_1은 A와 B의 사이, L_2는 B의 바깥쪽, L_3은 A의 바깥쪽에 있다.

이들 3개의 라그랑주 점은 중요치 않다. 만약 이 점들의 어느 것에 자리하고 있던 천체가 A, B 이외의 천체의 인력으로 그 점을 조금만이라도 벗어나면 그 차이는 점점 더 벌어지게 된다. 이는 마치, 긴 막대의 아래 끝을 받들고 바로 세우고 있는 것과 닮았다. 막대가 어떤 계기로 조금만 기울어지면 기울기는 점점 더 늘어나고 만다.

한편, 나머지 2개의 라그랑주 점은 A와 B를 잇는 직선 위에는 있지 않다. AB를 한 변으로 하는 정삼각형의 정점 위치에 있다. 제4의 라그랑주 점 L_4는, A를 중심으로 B에서 60° 떨어졌고, B에 앞서 공전하고 있다. 제5의 라그랑주 점 L_5는 역시 60° 떨어졌지만, 이 점은 B에 뒤처져 있다.

이 2개의 라그랑주 점은 안정하다. 단, B의 질량이 A의 1/26 이하라는 조건이 붙는다. 즉, L_4나 L_5의 위치에 있던 천체는 조금 빗나가더라도 본래 위치로 되돌리는 힘이 작용하여 L_4나 L_5의 근처를 진동하면서 언제까지나 그 근처에 머무른다. 이것은 긴 막대의 위 끝을 손가락으로 받들어 잘 균형을 잡아서 넘어지지 않게 하는 경우와 비슷하다.

물론 막대가 너무 크게 기울어지면 손가락으로 균형을 잡을 수 없고 넘어지듯 이런 라그랑주 점에 있던 천체도 만약 너무도 크게 자리를 뜨면 다시 되돌아올 수 없다.

트로이군 소행성

라그랑주가 이 발견을 했을 당시에는 실제로 라그랑주 점에 있는 천체가 전혀 알려지지 않았다. 그런데, 1906년에 이르러 독일의 천문학자 **볼프**(Max Wolf, 1863~1932)가 1개의 이상한 소행성을 발견했다. 볼프는 이 소행성에 그리스의 시인 **호메로스**(Homeros)의 장편 시 『일리아스』에 나오는 영웅의 이름을 따서 아킬레스(Achilles)란 이름을 붙였다. 아킬레스는 태양에서의 거리가 목성과 같고 소행성으로서는 이상하게 원거리에 있는 것이었다.

아킬레스의 궤도를 조사해 보니까, 라그랑주 점 L_4 근처에 있는 천체로 밝혀졌다. 아킬레스는 언제나 목성의 7억 8천만 킬로미터 앞을 공전하고 있다.

그 후, L_5의 위치에 있는 소행성도 발견되어 파트로크루스라고 이름 지었다. 파트로크루스는 아킬레스의 친구 이름이다. 이 행성은 목성의 7억 8천만 킬로미터 뒤를 공전하고 있다.

그 후, 이들의 장소에는 이 밖에도 소행성이 발견되어 현재 15개에 달하고 있다. L_4에 있는 것이 10개, L_5에는 5개 있다. 아킬레스의 예에 따라서 모두 『일리아스』 중의 인물 이름이 붙여졌다. 그리고 『일리아스』는 트로이(Troy) 전쟁을 읊은 것이므로, 이들 2개 장소에 있는 소행성들은 통틀어 「트로이군 소행성」으로 불린다.

L_4 근방의 소행성은 그리스의 대장 아가멤논(Agamemnon)을 포함하고 있으므로, 「그리스군」이란 이름으로 구별될 때가 있다. 또 L_5 근방에 있는 소행성 가운데는 트로이 왕 프리아모스가 있어서 「순 트로이군」으로 불린다.

만약 그리스군에는 그리스의 병력만, 순 트로이군에는 트로이의 병력만 포함되어 있었더라면 깨끗했을 터이지만 처음부터 그렇게 고려되지 않았다. 트로이의 영웅 헤크토르가 그리스군에 속하고, 그리스의 영웅 파트로크루스가 순 트로이군에 들어 있는 결과가 되었다. 『일리아스』의 애독자를 놀라게 할 상황이 되었고, 나 역시 고전문학 애호가의 말석을 차지하니만큼 좀 흥이 깨지는 느낌이 든다.

지구의 위성은 달뿐인가

트로이군 소행성은 라그랑주 점에 있는 천체로서 알려진 유일한 예다. 그래서 L_4, L_5를 「트로이 점」으로 부를 때가 있다.

다른 행성, 특히 토성의 인력 때문에 트로이군 소행성은 L_4, 혹은 L_5의 둘레를 이리저리 움직이고 있다. 그중에는 너무 크게 빗나가서 트로이군으로 볼 수 없는 소행성도 생길 것이다. 거꾸로 지금은 트로이군이 아닌 소행성이 행성의 인력으로 궤도가 변하여 트로이군에 가입하게 될지도 모른다. 이처럼 트로이군의 식구들은 영원히 불변한 것이 아니다.

현재 알려진 15개 이외에도 트로이군의 소행성이 존재하리라는 데는 의심의 여지가 없다. 다만, 트로이군은 지구에서 멀기 때문에 비교적 큰 것밖에 관측에 걸리지 않는다. 아마도 수십 개 혹은 수백 개의 무더기가 목성을 쫓고, 또는 쫓겨서 끝없는 경주를 계속하고 있으리라.

우주 안에는 다른 곳에도 트로이군과 같은 상황이 있음이 분명하다. 그러나 태양계 이외의 장소에서 그것의 존재를 확인하기는 불가능할 것이다. 또 태양계 안에서라도 목성 이외의 행성에 관해서는 트로이군에 상당하는 소행성이 발견되지 않았다. 장차 우주선이 각 행성의 라그랑주 점에 가서 자세히 조사해 보면 혹시 발견될지도 모른다.

그러나 현재도 관측에서 이런 천체가 발견될지도 모를 장소가 있다. 그것은 태양과 행성에 관계된 것이 아니라 행성과 위성에 관계된 장소이다. 이렇게 말하면 독자께서는 이미 짐작이 가셨겠지만 내가 문제 삼고자 하는 것은 지구와 달의 라그랑주 점이다.

지구에 위성이 1개만 있다는 것은 먼 옛날부터 알려져 왔다. 현재 인류가 여러 가지 관측 장치를 써서 찾더라도 달 이외의 위성은 발견되지 않았다. 물론 여기서 말하는 것은 천연의 위성이다. 천문학자는 달 이외에 지름 1㎞ 이상의 위성이 지구를 돌고 있는 일은 절대로 없다고 말하고 있다.

그러나 극히 작은 천체가 몇 개라도 지구 둘레를 공전하고 있다는 것은 있을 수 있는 것이다. 인공위성으로부터 알려진 자료에 의하면, 지구 둘레에는 토성을 띠가 둘러싸듯, 작은 천체의 띠가 존재하고 있다. 다만 토성의 띠보다는 훨씬 드문드문 흩어진 것이기는 하지만 말이다.

이 띠는 너무 얇아서 보이지 않지만 어딘가에 작은 천체가 특히 집중하고 있는 곳이 있으면 보일지도 모른다. 그러한 집중의 가능성이 있는 곳으로 생각되는 것은, 라그랑주 점 L_4와 L_5이다. 달은 지구의 1/81의 질량밖에 안 되므로, 천체 B—여기서는 달—의 질량이, 천체 A—여기서는 지구—의 1/26 이하가 되는 조건이 만족하고 지구와 달의 경우 라그랑주 점은 안정하다.

실제로 1961년에 폴란드의 천문학자 **K. 코르디레프스키**는 이들 라그랑주 점 방향에 극히 얇은 구름과 같은 것을 관측했다고 발표했다. 아마도 이는 라그랑주 점에 붙들린 작은 천체의 무더기일 것이다.

이런 「구름위성」에 관련해서 나는 라그랑주 점의 실용적인 이용법을 하나 생각해 냈다. 내가 아는 한으로는 아직 아무도 발표하지 않았던 방식이다.

라그랑주 점을 이용한다

우주 시대의 기술 발달로 인하여 여러 가지 귀찮은 문제도 생기고 있는데 그 하나로 방사성 폐기물의 처리가 있다. 여러 해결책이 시도되거나 제안되고 있다. 폐기물은 우선 든든한 용기 속에 담긴다. 유리 속으로 녹여서 넣는 것이 좋다는 안도 있다. 그래서 땅속에 파묻거나 암염(巖鹽)의 폐갱(廢坑) 속에 넣거나, 깊은 바다에 가라앉히거나 한다.

그러나 방사성 물질을 지구상에 남겨 두는 방식은 어느 것이나 절대로 안전하지 못하다. 그래서 폐기물을 우주로 쏘아 올리는 제안이 나왔다.

가장 안전한 방법은 태양으로 쏘는 것이리라. 그러나 이는 쉬운 일이 아니다. 달로 운반한다면 더 적은 에너지로 할 수 있지만, 천문학자들이 틀림없이 거부권을 행사하리라고 나는 본다. 태양의 둘레를 공전하는 궤도로 올리기는 더 간단하고, 지구를 도는 궤도로 쏘아 올리기는 제일 간단하다.

그러나 이렇게 궤도를 돌게 하는 안은 태양계의 안쪽 부분에 위험한 폐기물을 뿌려 놓을 염려가 있다. 우리는 이를테면 자기 자신이 버린 쓰레기의 한복판에서 사는 셈이 된다.

우주는 넓고, 먼지는 여기에 비하면 극히 작은 것에 지나지 않는다. 우주선이 방사성 폐기물과 부딪칠 가능성은 거의 없다

트로이의 널은 지구에서나 달에서나 38만 킬로미터 지점에 있다

고는 하지만, 오랫동안 어떤 사고가 일어나지 않으리라고 보증할 수 없다.

지구의 대기를 생각해 보자. 오랫동안 인류는 기체나 연기의 형태를 한 폐기물을 대기 속으로 계속 방출해 왔다. 모두 아무런 해독이 없도록 엷게 방출되었지만, 오늘날 대기오염이 문제가 되고 있다. 우주를 오염하지 않도록 조심해야 한다.

하나의 해결책은 폐기물을 우주의 어느 정해진 장소에 모아서 거기로부터 떠나지 못하게 하는 것이다. 거기를 출입금지 구역으로 하면 다른 곳에 문제가 일어날 리는 없다.

이것을 실현하기 위해서 지구와 달에 관한 라그랑주 점을 이용하면 된다. 지구에서나 달에서나 38만 킬로미터 떨어진 그곳에 놓인 방사성 폐기물은 매우 오랫동안—아마도 방사능이 거의 다될 정도의 장기간—다른 장소로 이동하는 일이 없으리라.

물론, 이 지점들은 근처를 지나가는 우주선에는 위험한 죽음의 함정인, 말하자면 「트로이의 널」이다. 그러나 방사성 폐기물의 처리 문제에는 좀 쓸모 있을 것 같다.

9장 빛나는 별들

—목성이 거대해지면 태양이 크게 돌기 시작한다는 이야기

태양의 작은 비틀거림

어렸을 적에 나는 태양이 은하계 안의 하찮은 하나의 별에 지나지 않는다는 것을 배우고는 큰 충격을 받았었다.

동화 속에서는 밝게 빛나는 태양이 아버지, 고요한 달이 어머니, 별들은 어린이들이었다. 이런 이야기를 많이 들어서 밤하늘의 별은 모두 아주 조그마한 것으로 믿어버린 것도 무리는 아니다.

이런 작은 빛의 점이 우리 태양보다도 크고, 눈부시게 빛나는 태양이라는 이야기를 듣고, 태양계의 애국적인 주민인 나는 몹시 기분이 상했다. 그래서 실은 모든 별이 태양보다 큰 것은 아니라는 사실을 알고 나서부터는 한시름 놓은 셈이었다. 태양보다 작은 별도 많은 것이다.

이런 작은 별들 가운데는 아주 재미나는 것들도 있다. 그 이야기를 해 볼 셈이지만, 우선 아시모프 식으로 겉보아서 관계도 없어 보이는 이야기부터 시작하기로 한다. 처음에 들먹일 대목은 지구와 태양이다.

사실은 지구가 태양의 둘레를 돌고 있는 것이 아니다. 지구도 태양도 태양계 안에서 이 두 천체만을 생각한다면, 두 천체의 공통 중심(共通重心) 둘레를 돌고 있다. 물론, 공통 중심은 무거운 천체 쪽에 가깝다.

태양은 지구의 333,000배의 무게가 있으므로 태양의 중심에서 공통 중심까지는 지구의 중심에서보다 333,000배만큼 가깝다. 태양과 지구 사이의 거리는 1억 5천만 킬로미터지만 이것을 333,000으로 나누면 450㎞가 된다. 따라서 태양과 지구의 공통 중심은 태양의 중심으로부터 450㎞ 정도 되는 곳에 있는 셈이다.

이 말은 지구가 공통 중심 둘레를 1년 걸려서 공전하는 동안에 태양도 같은 공통 중심의 둘레를 반경 450㎞란 작은 원을 그리며 돌고 있다는 뜻이 된다.

물론 태양의 이 작은 비틀거림은 다른 별로부터 관측했다면 전혀 알아볼 수 없으리라.

이는 설사 제일 가까운 켄타우루스자리 α(알파)별로부터라도 확인할 수 없음에 틀림없다.

9개 행성의 공통 중심

그러나 다른 행성에 대해서는 어떨까?

어느 행성이나, 태양과의 공통 중심의 둘레를 돌고 있다. 행성 중에는 지구보다도 무겁고 지구보다도 태양에서 멀리 떨어진 것들이 있는데, 이 두 가지 일은 모두 태양과 공통 중심 사이의 거리를 크게 하게끔 작용한다.

〈표 16〉은 각 행성에 대해서 이 거리를 계산한 결과이다.

태양의 반지름은 70만 킬로미터이다. 그래서 하나의 예외란 목성의 경우다. 목성과 태양의 공통 중심은 태양의 표면에서 40,000㎞인 곳에 있다. 그리고 언제나 목성의 방향에 있다.

만약 태양계에 태양과 목성밖에 없었다면 다른 항성(恒星), 예컨대 켄타우루스자리 α별에 있는 관측자가 목성을 볼 수는 없었다 하더라도, 원리적으로는 태양이 무엇인가의 둘레를 1주 12년으로 돌고 있음을 관측할 수 있으리라. 이 「무엇인가」는 태양과 또 하나의 천체의 공통 중심과 다름없다. 만약 그 관측자가 태양의 대략적인 무게를 추정할 수 있었다면 주기가 12년

〈표 16〉

행성	태양과 행성의 공통 중심까지의 거리(㎞)
수성	10
금성	260
지구	450
화성	74
목성	740,000
토성	410,000
천왕성	130,000
해왕성	230,000
명왕성	3,000

이라는 데서, 또 하나의 천체가 얼마나 떨어진 곳을 돌고 있는지 계산할 수 있다. 이렇게 계산된 거리와 태양이 그리고 있는 작은 원의 반지름에서부터 그 천체의 무게가 계산된다. 이처럼 켄타우루스자리 α별에 있는 관측자는 목성을 볼 수 없더라도, 그 무게와 태양과 목성의 거리를 알아낼 수 있는 것이다.

실제는 목성 때문에 생기는 태양의 움직임은 너무나 작으므로 켄타우루스자리 α별의 관측자가 측정할 수 없을 것이다. 그들의 망원경이 우리의 것보다 크게 발달한 것이라면 이야기가 다르지만 말이다. 더구나 사정이 어려워지는 것은 토성, 천왕성, 해왕성도 마찬가지로 태양을 움직이게 하여 운동의 모양을 복잡하게 하고 있다는 사실이다. 이 경우 다른 행성은 무시해도 된다.

그러나 태양 둘레를 도는 목성이 훨씬 무거웠다면 어떻게 될까? 태양은 훨씬 큰 반지름으로 돌기 시작하고, 이 초목성(超木

星) 이외의 영향은 비교적 작으므로 운동의 모양은 단순하다. 우리 태양의 경우, 실제로 이렇지 않음이 확실하다. 그러나 다른 항성(恒星)에서 이런 상황이 이루어진 것이 없을까?

아닌 게 아니라, 그런 항성이 존재한다.

시리우스의 암흑반성(暗黑伴星)

1834년 독일의 천문학자 **베셀**(Friedrich Wilhelm Bessel, 1784~1846)은 오랜 면밀한 관측을 정리하여 밤하늘에서 제일 밝은 항성인 시리우스가 파형(波形)의 곡선에 따라 움직이고 있는 것을 발견했다. 이는 시리우스와 또 하나의 별의 공통 중심이 직선 운동을 하고 있고, 시리우스가 그 둘레를 약 50년의 주기로 공전하고 있다고 생각하면 잘 설명이 된다.

그런데 시리우스는 태양의 2.3배나 무게가 있다. 이 시리우스가 관측에서 얻어진 정도의 움직임을 나타내려면 또 하나의 별이 목성보다 훨씬 더 무거운 것이라야 한다. 사실 계산해 보면 그 별은 목성의 약 1,000배, 즉 태양과 같은 정도의 무게가 있어야 한다는 이야기가 되었다. 시리우스 자신을 「시리우스 A」라 하면 이 목성의 1,000배나 되는 들러리 별은 「시리우스 B」가 되는 셈이다. 그런데 이런 식의 이름 짓기는 2개 또는 더 많은 별이 서로 돌고 있을 때 보통 쓰이는 방법이다.

태양과 같은 정도의 무게라면 행성이라기보다는 항성일 터이다. 그러나 시리우스 B가 있을 만한 장소를 아무리 찾아보아도 베셀은 아무것도 찾아내지 못했다. 우선 그럴듯한 해석은 시리우스 B가 다 타버린 별이라는 것이다. 약 30년 동안 천문학자들은 시리우스의 반성(伴星, 따라가는 별)은 연료를 다 써버리고

시리우스의 반성은 망원경의 테스트 중에 발견되었다

암흑의 재가 된 별이라고 생각하고 있었다.

1862년 미국의 망원경 제작자 **클라크**(Alvan Graham Clark, 1832~1897)는 자기가 만든 구경 48㎝의 망원경을 테스트하고 있었다. 상의 선명하기를 조사하려고 시리우스를 들여다보았더니 유감스럽게도 렌즈에 흠이 있는 것이 보였다. 시리우스 옆에 있어서는 안 될 빛의 점이 보였다. 다행히도 렌즈를 다시 연마하기에 앞서 다른 별도 들여다보았다. 그랬더니 그 흠이 없어져 버리지 않는가. 시리우스로 되돌리면—또 빛의 점이 보인다.

이것은 렌즈의 흠 같은 것이 아니다. 클라크는 별을 보고 있던 것이다. 그 빛의 점은 시리우스의 「암흑반성(暗黑伴星)」으로 8등급의 그다지 어둡지 않은 별인 것이 밝혀졌다. 그러나 그 거리를 고려해서 계산해 보면, 태양의 1/130의 빛밖에 내지 않는 별이다—벌써 다 타버려서 거의 재가 되어버린 별이란 말인가.

태양과 같은 무게의 「흰 난쟁이」

19세기 후반부터, 별빛을 스펙트럼으로 나누어 별의 성질을 자세히 조사하는 천체분광학(天體分光學)이 시작되었다. 스펙트럼의 모양에서 이를테면 별의 표면 온도가 알려진다. 1915년, 미국의 천문학자 **애덤스**(Walter Sydney Adams, 1876~1956)는 시리우스 B의 스펙트럼을 관측하는 데 성공했다. 놀랍게도 이 별은 거의 타버린 재와 같은 것이 아니라, 태양보다도 온도가 높은 표면을 가진 별임이 알려졌다. 그러나 시리우스 B가 태양보다 온도가 높다면 어째서 태양의 1/130의 밝기에 지나지 않을 수 있을까? 이는 태양보다도 훨씬 작고 따라서 빛을 내는 면적이 좁기 때문이라고 생각할 수밖에 없을 것 같다. 온도와 밝기로부터 이론적으로 계산된 결과에 의하면 그 지름은 대략 30,000㎞다. 시리우스 B는 스스로 빛나고 있는 항성(恒星)이면서도 천왕성이나 해왕성보다 작은 셈이다. 이는 어느 천문학자도 상상하지 못했을 정도로 작고 또 동시에 백열(白熱) 상태의 별이었다. 그래서, 시리우스 B나 이런 또래의 별은 「백색왜성(白色矮星)」, 이를테면 흰 난쟁이별이라고 불리게 되었다.

그런데 베셀이 냈던 이 별의 무게는 틀리지 않았다. 즉, 태양과 거의 같은 무게였다. 이만큼의 무게를 천왕성보다도 작은 곳에 눌러 넣으면, 1㎤에 100㎏ 이상이나 되는 엄청난 밀도가 된다. 애덤스의 발견이 20년 빨랐더라면 이런 결론은 웃음거리가 되어, 스펙트럼에서 온도를 결정한다는 것은 불가능한 일이 아닌가 하고 의심되었을 것이다. 그러나 애덤스의 시대에는 원자가 어떤 구조로 되어 있는지 알려져 있었고, 원자의 무게 대부분이 중심의 원자핵으로 불리는 작은 부분에 집중된 것이 밝혀져 있었다. 만약 원자가 깨져 원자핵만이 꽉 차게 된다면, 시리우스 B의 밀도는커녕 그 몇백만 배의 밀도도 생각할 수 없는 것이 아니다.

시리우스 B는 크기가 작은 것이나 밀도가 높은 것으로나 기록의 소유자가 못 된다. 현재는 달보다 조금 큰 정도인 지름이 4,000㎞, 밀도가 1㎤당 20톤이나 되는 백색왜성도 알려졌다. 더욱, 「중성자(中性子)별」은 백색왜성보다 훨씬 작고 또 훨씬 높은 밀도를 가지고 있다.

태양보다 밝은 별 2개

백색왜성은 아직도 내가 어렸을 때 생각하던 「작은 별」로서는 어울리지 않는다. 지름이 작기는 하지만 무게는 태양 정도나 되고 밀도나 인력은 매우 크다. 크기만이 아니라, 무게나 온도로 쳐서도 정말 작은 별이라 할 만한 것은 없을까?

그런 별은 좀처럼 찾아내기 어렵다. 밝은 별이라면 몇백 광년이나 멀리 있어도 보이겠지만, 본래부터 어두운 별은 가까이에 없으면 찾아내기 힘들고, 또 매우 어두워서 가까운 데 있어도 보이지 않는 별도 있으리라.

관측될 수 있는 별들 가운데, 태양은 어떤 자리를 차지하는지 조사해 보면 태양은 하찮은 별이 되고 만다. 그러나 태양계의 바로 근방에 한정해서 조사해 보면 사실에 더 가까운 실정

〈표 17〉

별	거리(광년)	밝기(태양=1)
시리우스 A	8.6	23
프로키온 A	11.4	8

을 알 수 있으리라. 이 장소만이 어두운 별까지 빠짐없이 헤아릴 수 있는 유일한 장소이기 때문이다.

그런 까닭으로 태양에서 16광년 이내의 공간을 조사하였는데, 스워스모어대학의 **반 드 캠프**(Peter van de Kamp)의 연구에 의하면 우리 태양까지 포함해서 39개 별의 계(系)가 있다. 여기서 별의 계라고 한 것은 2개 또는 3개의 별이 서로 공전하고 있는 것, 즉 2중성이나 3중성을 하나로 친 것인데 구체적으로는 2중성이 9개, 3중성이 2개 있기 때문에 별은 모두 52개가 있는 셈이다.

이들 52개의 항성 가운데, 태양보다 밝은 것은 위의 〈표 17〉에서 시리우스 A와 프로키온 A의 2개뿐이다.

노란 별과 붉은 별

다음에 실제 밝기가 태양과 같거나 또는 태양의 1/25까지인 별을 실었다. 별의 밝기는 매우 넓은 범위에 걸쳐 있으므로 이 별들은 태양과 같은 정도의 밝기의 별이라고 해도 좋다. 이는, 다음 〈표 18〉에서 보는 것처럼, 켄타우루스자리 α별을 비롯한 고래자리 타우(τ)별 등 9개의 별이다. 별들의 사회에서 이들이 난쟁이의 부류에 드는지 어떤지는 차치하고, 색깔이 노랑 내지 오렌지색이라서 「노란 별」로 부르기로 하자.

〈표 18〉

별	거리(광년)	밝기(태양=1)
켄타우루스자리 α별 A	4.3	1.3
태양	-	1.0
고래자리 τ별	11.9	0.44
켄타우루스자리 α별 B	4.3	0.36
에리다누스자리 오미크론 2별 A	15.9	0.33
에리다누스자리 엡실론별	10.7	0.30
인도인자리 엡실론별	11.2	0.13
백조자리 61번 별 A	11.2	0.08
백조자리 61번 별 B	11.2	0.04
그룸브리지 1618번 별	15.0	0.04

〈표 19〉

별	거리(광년)	밝기(태양=1)
시리우스 B	8.6	0.0028
에리다누스자리 오미크론 2별 B	15.9	0.0027
L145.141	15.8	0.0008
프로키온 B	11.4	0.0005
반-마넨별	13.9	0.00017

또 태양 근방에는 밝기가 태양의 1/25 이하지만 백색왜성으로 불리는 별도 5개 있다. 이는 다음 〈표 19〉의 별들이다.

나머지 35개의 별은 태양보다 꽤 어두울 뿐만 아니라, 온도도 꽤 낮다. 그 때문에 붉은색을 하고 있다. 별 중에는 온도가 낮은데도 매우 크기 때문에 태양보다 훨씬 밝은 별도 있다. 백색왜성의 반대 경우라고 말할 수 있으리라. 이런 「적색거성(赤

여름밤 하늘의 안타레스는 적색거성의 대표적인 별이다

色巨星)」은 태양 근방에서 찾아볼 수 없다—겨울 밤하늘의 베텔게우스(Betelgeuse)와 여름 밤하늘의 안타레스(Antares)는 이런 별의 가장 유명한 예이지만 어느 것이나 태양에서 상당히 떨어진 곳에 있다.

온도가 낮아서 붉고 작은 별은 「적색왜성(赤色矮星)」이다. 그 예로서는 태양계에 가장 가까운 별, 켄타우루스자리 프록시마별이 있다. 이 별은 켄타우루스자리 α별 계(系)의 3번째로서 가장 어두운 별이고 정식 이름은 켄타우루스자리 α별 C이지만, 프록시마(라틴어로 「가장 가깝다」는 뜻)란 이름으로 잘 쓰인다. 이 별의 밝기는 태양의 17,000분의 1밖에 안 되고 가장 가까운 곳에 있는데도 큰 망원경 아니고는 볼 수 없다.

요약한다면 태양 가까이에는 적색거성 없음, 흰 별 2개, 노란 별 10개, 백색왜성 5개, 적색왜성 35개가 있는 셈이다. 태양의 근방을 아주 보통의 장소라고 생각한다면 물론 그렇지 않다고 생각할 이유도 없지만, 별의 반수 이상은 적색왜성이고 태양보다 훨씬 어둡다는 이야기가 된다. 그러고 보면 뜻밖에도 태양은 밝기로 말해서 상위 10% 속에 드는 것이다. 눈에 띄지 않는 노란 별이지만 말이다.

백조자리 61번 별

그런데 적색왜성은 작고 하찮은 별이 아니라 매우 재미나는 이야기가 이에 관해서 전개된다. 이 장의 첫머리에서 목성이 태양에 미치는 영향에 관해서 이야기했을 때, 만약에 목성이 훨씬 더 컸더라면 태양은 더욱 큰 반경으로 돌기 시작하리라고 지적했었다. 그렇게 되면, 다른 별로부터 관측하더라도 행성(行星)의 존재가 추정되는 셈이다.

그러나 거꾸로 태양의 무게가 훨씬 작았더라도 같은 결과가 되는 것이다. 문제는 두 천체의 무게 비율에 있는 것이지 무게 그 자체가 아니다. 목성과 태양의 무게 비는 1 대 1,000이므로 태양의 움직임은 관측이 안 되지만, 시리우스의 계(系)에서는 1 대 2.5이므로 간단히 관측되었다.

만약 태양의 1/2의 무게를 가진 별이 있어서 그 둘레를 목성의 8배의 무게를 가진 천체가 돌고 있다고 하면, 무게의 비율은 거의 1:60이 된다. 그 별의 이동은 시리우스의 경우처럼 간단하지는 않더라도 어떻게 관측되지 않을까?

바로 이와 같은 이동이 1943년에 스워스모어대학의 스프라울 천문대에서 백조자리 61번 별에 발견되었다. 이 별이 2중성인 것은 오래전부터 알려져 있었지만, 그 궤도의 변동에서부터 제3의 천체, 백조자리 61번 별 C의 존재가 입증되었던 셈이다. 이 천체의 무게는 태양의 1/125로 목성의 8배에 불과하다. 1960년에는 랄랑드 21185번 별에도 비슷한 운동의 변동이 스프라울 천문대에서 발견되어 그것은 목성의 약 20배의 무게를 가진 행성으로 인한 것으로 추정되고 있다.

바너드의 빠르게 도망치는 별

1963년, 같은 천문대에서 태양 이외에 행성을 가진 것으로 짐작되는 별의 세 번째 예가 발견되었다. 그 별은 바너드(Barnard) 별이다.

이 별은 1916년 미국의 천문학자 **바너드**(Edward Emerson Barnard, 1857~1923)에 의하여 발견되었지만 참으로 주목할 만한 별이란 사실이 차츰 밝혀졌다. 우선 첫째로 이 별은 우리에게 두 번째로 가까운 별로 거리는 불과 5.9광년이다. 이야기가 나온 김에 말한다면 켄타우루스자리 α별 계(系)의 3개 별을 하나로 묶어서 생각하면 제일 가까운 별로 4.3광년의 거리에 있다. 볼프 359번 별이 7.6광년으로, 다음은 랄랑드 21185번 별의 8.1광년, 시리우스 계(系)의 2개의 별이 8.6광년이다.

바너드 별은 전천의 항성 가운데 겉보기로 이동이 제일 빠른 별이기도 하다. 그 이유의 하나는 거리가 이처럼 가까운 데 있다. 어느 정도로 움직이냐 하면 1년에 10.3″이다. 이는 생각하기에 따라서는 그다지 큰 양이 아니다. 발견되어서 오늘날까지의 61년간에 10′ 남짓, 즉 달의 각도로 잰 지름의 약 1/3밖에 하늘을 움직이지 않았다는 이야기다. 그러나 「항성(恒星)」으로서는 대단히 빠른 운동이므로 이 때문에 「바너드의 도망치는 별」

이라든지 「바너드의 화살」로 불릴 정도이다. 참고삼아, 항성(恒星)이란 영원히 변치 않는 별, 고정된 별이란 뜻을 가지고 있다.

바너드 별은 적색왜성(赤色矮星)인데 무게는 태양의 약 1/5, 밝기는 태양의 1/200 이하이다. 그래도, 켄타우루스자리 프록시마 별에 비하면 7배나 밝다.

바너드 별의 운동을 교란하고 있는 행성(行星)은 바너드 별 B인데 지금까지 알려진 눈에 안 보이는 반성(伴星) 가운데 가장 작다. 이것은 무게가 태양의 약 1/600, 따라서 목성의 약 1.7배이다. 지구와 비교하면 약 500배의 무게가 된다. 만약 밀도가 평균해서 목성과 같다고 하면 이 행성의 지름은 약 17만 킬로미터가 된다.

이상 이야기한 것은 매우 중요한 뜻을 가지고 있다. 항성 대다수가 행성을 가지고 있음을 순이론적으로 이끌어 낸 천문학자들이 있다. 현재, 16광년 이내에 있는 태양계 이외의 38개 별의 계(系) 가운데 적어도 5개의 계에 1개씩 행성이 알려져 있다. 초(超)목성급의 행성만이 우리에게 확인됨을 고려에 두면 이는 놀라운 숫자인 것이다. 태양 둘레에는 목성과 그 밖의 8개의 보다 작은 행성이 돌고 있다. 초목성급의 행성을 가진 별의 둘레에는 이 밖에도 보다 작은 행성이 공전하고 있다고 생각해도 무리가 없으리라. 게다가 물론 목성보다 작은 행성만이 돌고 있는 별도 틀림없이 많이 있으리라.

결국 이런 보이지 않는 행성의 발견으로 거의 모든 항성(恒星)에 행성이 있는 것이 아닐까 하는 생각이 상당히 그럴듯한 것으로 보이게 된다.

종래는 태양계가 2개의 항성의 충돌이나 대접근(大接近)으로 태어났다고 생각되어 왔다. 그렇다면 행성이란 극히 드문 것이 된다. 그러나 현재는 이와 반대다. 행성을 동반하지 않는 외로운 별이 도리어 적은 것이 아닐까, 하고 생각해도 좋을 것이다.

무거운 별과 가벼운 별

그런데 적색왜성도 그 밝기에서 상상될 만큼 작은 별은 아니다. 가장 작은 적색왜성의 하나인 켄타우루스자리 프록시마 별도 무게는 태양의 1/10 정도다. 사실은, 별의 무게란 너무 극단적인 차이는 없는 것이다. 별의 부피나 밀도, 혹은 밝기에 비하면 훨씬 고른 셈이다. 사실상 거의 모든 별은 태양의 1/10 또는 10배 사이의 무게를 갖는다고 말해도 좋다. 최소와 최대가 2자리의 차이밖에 없다.

여기에는 그럴 만한 까닭이 있다. 무게가 늘어나면 천체 중심부의 압력과 온도가 늘어난다. 그래서 그 천체가 내는 빛은 온도의 4제곱에 비례해서 증가한다. 즉 온도를 10배로 하면 밝기는 10,000배가 된다.

무게가 태양의 10배 이상 되는 별은 자신이 내는 막대한 빛에 의한 압력 때문에 곧 휘날려 버리므로 안정하게 존재할 수 없다. 한편, 무게가 태양의 1/10 이하인 별은 내부의 온도와 압력이 핵반응(核反應)을 지속시키는 데 필요할 만큼 높아지지 않는다.

위의 한계는 꽤 뚜렷하다. 너무 무거운 별은 극히 드문 예외를 빼놓고 휘날려 버려서 현실로 존재하지 않는다. 너무 가벼운 별은 빛을 내지 않아서 보이지 않을 뿐이므로 아래의 한계는 그다지 뚜렷하지 못하다. 가볍기 때문에 충분한 빛을 내지 못하고 관측에 걸리지 않는 천체도 있으리라.

빛을 내는 별에서 가장 작은 것 다음 차례는 물론 빛을 내지 않는 행성이다. 우리 태양계에서 최대의 행성인 목성은 미약하게 빛나고 있는 켄타우루스자리 프록시마 별과 비교하면 무게가 1/100 정도일 것이다. 백조자리 61번 별 C와 같은 천체는 켄타우루스자리 프록시마 별의 1/10 정도의 무게로 짐작된다. 무게가 목성과 백조자리 61번 별 C 중간에 드는 천체도 당연히 존재하리라.

목성은 행성으로서 대형이지만 중심부에서 열이 발생하여 그것이 표면으로 전달되는 일은 없다. 목성의 표면 온도는 태양의 복사에 의한 것이다. 백조자리 61번 별 C에서도 마찬가지일 것이다. 그러나 최근의 보고에 의하면 목성은 태양에서 받는 것보다도 좀 더 많은 열을 방출하고 있다고 한다. 아마도 밀도가 높은 중심부에서의 핵반응에 의한 것인지도 모른다. 만약 그렇다면 목성은 매우 작고, 매우 저온이기는 하지만, 항성처럼 중심부에서 핵반응이 일어나고 있는 별이 되는 셈이다.

그러나 더 큰 행성을 생각하면 활발한 핵반응을 일으킬 정도는 아니지만, 표면이 적당하게 더워져서 물이 얼지 않을 정도의 것이 있을 것이다.

이러한 천체는 초행성(超行星)이라고 부를 수 있을 것이다. 그러나 이는 여하간에 에너지를 발산하고 있다. 그 에너지는 적외선의 형태로 방출된다. 그 때문에 눈에 보이게 빛나지는 않지만 만약에 적외선을 감지하는 눈을 가진 사람이 있다면 매우 어두운 별로 볼 수 있으리라. 그런 까닭으로 초행성이라고 부르기보다는 「아성(亞星)」이라고 이름 짓는 편이 나을 것 같다.

아성은 돌연 접근한다. 그 접근을 아는 방법은 없다

모르는 사이에 지구로 접근하는 별

하버드대학 천문대 대장 섀플리(Harlow Shapley, 1885~1972)는 이런 아성이 우주에 많이 있을 가능성이 있다고 생각하고 있었다. 그리고 거기에 생명이 존재할지도 모른다고까지 말하였다. 지구 정도의 밀도를 가진 아성을 생각하면, 그 지름은 25만 킬로미터 정도로 가늠된다. 표면 중력은 지구의 20배 정도가 되지만, 바닷속 생물에게는 큰 중력도 장해가 되지 않는다.

이런 생물을 싣고 있을지도 모를 아성이 언젠가 태양계의 가까이에 굴러 들어와서 탐험대를 보내 볼 생각이 드는 일이 생기지 않을까?

이런 사태가 일어나지 않는다고 단언할 수는 없다. 빛을 내는 별의 경우라면, 침입해 오는 천체는 멀리 있을 때부터 알아챌 수 있다. 사실 과거 수백만 년 동안은 그러한 침입자가 없었던 것이 확실하다. 그런데 아성이라면 모르는 사이에 우리 근처까지 다가올 수 있다. 우리는 그 접근을 아는 방법이 없다. 그 존재가 반사광이나 행성을 끄는 인력의 영향으로 발견되었을 때는 벌써 바로 가까이에—태양에서 수백억 킬로미터 정도인 곳까지—와 있을 것이다.

「반짝반짝 작은 별, 너는 도대체 누구일까?」—이 어린이 노래에 그때 비로소, 답할 수가 있으리라. 인류는 실제로 다른 별 위에 내려서 볼 수 있는 것이다.

다만—그것은, 반짝반짝 빛나고 있지는 않지만 말이다.

10장 항성 탐험의 중계기지

—태양계의 어딘가에 혜성의 창고가 있다는 이야기

실마리는 소행성의 구름

가까운 장래에 실행될 예정인 태양계 정복에 대해서 내게는 근본부터 불만스러운 일이 있다. 무엇이 발견될 것인가에 대해서는 이제 상당히 연구가 진행되었고 그리 많은 발견이 있을 것 같지 않다.

결국에 가서는 화성에서 발견될지도 모를 이끼 같은 것(그것조차 없을 듯하지만)을 제외하면, 태양계 내의 어느 천체에도 생물을 찾아낼 수는 없으리라. 전혀 예상 밖의 색다른 생물이 아니고는 말이다.

확실히 우주 탐험이나 그 준비를 통하여 인류는 여러 가지 정보나 지식을 얻게 될 것이다. 이런 불모(不毛)의 천체에 도달하려는 노력의 덕택으로 쓸모 있는 합금이나 플라스틱, 연료가 개발되리라. 소형화나 자동화, 계산의 기술이 발달할 것이다. 나는 이런 발달을 인정 않으려는 것이 아니다.

그러나—화성의 왕녀들도 없다, 촉수(觸手)를 가진 괴물도 없다, 초지능(超知能)과 초마력을 가진 슈퍼맨(초인간)도 없다, 무서운 괴수를 동물원으로 데리고 올 수도 없다. 한마디로 말해서 아무런 꿈도 없는 것이다!

참된 우주 탐험이란 역시 다른 항성(恒星)의 세계로 가는 것이어야만 한다. 그리고 항성의 둘레를 돌고 있는 지구와 같은 행성을 찾는 것이다. 거기야말로 슈퍼맨과 괴수가 있을지도 모른다.

어떻게 해서 항성까지 가면 좋을까? 달 같은 것은 바로 문턱에 있는 셈이다. 화성이라 해도 문 바로 앞이다. 그러나 항성은 훨씬 더 멀다.

달은 지구에 가장 가까울 때도 36만 킬로미터이다. 화성은 5600만 킬로미터까지 가까워진다. 현재 알려진 행성 가운데 제일 먼 명왕성도 지구에서 75억 킬로미터 이상 떨어지는 일이 없다. 그런데 항성이 되면 지구에 가장 가까운 켄타우루스자리 α별이라 해도 41조 킬로미터 멀리에 있는 것이다.

즉, 우리가 태양계의 끝인 명왕성까지 갔다 하더라도 거기는 항성 중에서 제일 가까운 별까지 가는 길의 1/5,000 이하에 지나지 않는다.

항성으로의 여행 도중에 중계기지가 있다면 얼마나 좋을까? 명왕성과 항성 사이에서 한숨 돌릴 장소는 없을까 하는 이야기다.

이렇게 말을 해놓고 나는 히쭉 웃으면서 그러한 중계기지가 존재한다는 것은 꽤 확실한 것 같다, 하고 이야기를 끌어낸다. 내가 생각하고 있는 것은 켄타우루스자리 α별과 태양계 사이에 혹시 있을지도 모를 암흑의 별도 아니고 명왕성보다 먼 행성도 아니다. 이처럼 있는지 없는지 불확실한 것이 아니라 좀 더 확실한 것이다.

그것은 명왕성보다 훨씬 더 떨어진 곳에서 태양계를 둘러싸고 있는 소행성의 구름이다.

이런 소행성들의 이야기를 시작하려는 참인데, 내 습관에 따라서 실마리부터 이야기를 해 보자. 이번에는 혜성에서 이야기가 시작된다.

머리칼을 나부끼며 나는 별

먼 옛날부터 혜성은 좋지 못한 일이 일어나는 조짐으로 생각되어 왔다. 그것은 무리가 아니다.

하늘은 거의 색다른 사건이 일어나지 않는 무대라고 말해도 좋다. 태양이 뜨고 또 진다. 달은 규칙 있게 모습이 변한다. 항성은 언제까지나 서로의 자리를 변하지 않는다. 행성은 항성 사이를 복잡하지만 제대로 예보할 수 있는 길을 더듬어서 움직이고 있다.

모든 것이 잘되어 가고 있고 평화스럽다.

거기에 돌연 혜성이 나타난다. 그것은 다른 천체와 상당히 다른 모습을 가지고 있다. 흐릿한 빛의 반점 「코마(Coma)」가 핵으로 불리는 별처럼 빛나는 점을 둘러싸고 있다. 코마로부터 꼬리가 활처럼 뻗어서 하늘의 반이나 되는 길이로 늘어날 때도 있다. 어디서부터인지도 모르게 찾아왔다가 어디론지도 모르게 사라져 버린다. 이는 하늘 세계의 평화를 어지럽히는 듯이 느끼게 한다.

게다가 혜성의 모습은 미친 사람을 연상케 한다. 머리칼을 나부끼며 하늘을 달려가는 미친 사람처럼 말이다. 「코메트(Comet, 혜성)」란 이름도 그리스어로 「장발의」를 뜻하는 코메테스에서 유래한다.

옛사람들이 이런 혜성을 보고, 신이 불행한 사건의 전조로 출현시킨 것으로 생각한 것도 이상한 일이 아니다. 그리고 불행한 사건이란 인간 세계에서 해마다 일어나고 있다. 혜성의 출현에 결부시키려면 이에 결부될 일은 언제나 있었으니 이러한 미신이 사람의 마음에 새겨진 것도 자연스러운 일이다.

1910년에는 꽤 볼만한 혜성이 나타났는데, 그때 많은 사람은 세계의 종말이 다가오고 있음이 분명하다고 생각했다. 이는

옛날에 혜성은 세계 종말의 상징으로서 공포를 느끼게 하였다

확실히 **마크 트웨인**(Mark Twain)의 죽음, 타이태닉호의 침몰, 1차 세계대전을 예언했다.

크리스마스 밤에 혜성은 나타났다

그러나 전조이건 아니건 간에 혜성의 본성은 무엇일까? **아리스토텔레스**(Aristoteles, B.C. 384~322)와 그의 설을 믿었던 중세까지의 사상가는 다음과 같이 생각했다. '하늘은 완전하고 변치 않는 것이다. 그런데 혜성은 나타났다가는 사라진다. 즉 시초와 끝이 있다. 행성은 이런 일이 없이 영구히 존재하고 있다. 따라서 혜성은 하늘의 것이 아니라 대기 속에서 독기가 어려서 생긴 것이다. 즉 혜성은 우리의 가엾은 지구에 소속하는 것이다.' 라고 아리스토텔레스는 설명했다.

이런 생각은 1577년에 이르러 깨졌다. 덴마크의 천문학자 **브라헤**(Tycho Brahe, 1546~1601)는 그해에 나타났던 혜성을 덴마크의 자기 천문대와 프라하의 천문대에서 관측시켜 그 위치를 비교해 보았다. 그런데 어느 천문대에서 봐도 위치는 똑같았다. 지구 대기 속에서의 현상이라면, 떨어진 곳에서 관측하면 다른 방향에 보일 것이다. **브라헤**는 이 관측에서 그 혜성이 적어도 달의 거리의 3배 이상 먼 곳에 있다고 결론을 내렸다. 아리스토텔레스는 틀렸던 셈이다.

지구에서 하늘 세계로 소속이 옮겨 가기는 했지만, 혜성은 역시 이상한 천체였다. **코페르니쿠스**(Nicolaus Copernicus, 1473~1543)가 태양을 세계의 중심에 갖다 놓고, 케플러가 아름다운 행성 운동의 법칙을 내세웠지만, 혜성은 어디서 왔다가 어디로 사라지는지 알 수 없는 태양계의 이단자(異端者)였다.

그 후, 뉴턴이 만유인력의 법칙을 발견했다. 이것은 행성의 운동을 아주 훌륭하게 설명할 수 있었다. 그러면, 혜성의 운동은 어떨까? 이것은 엄격한 테스트였다.

1704년, 뉴턴의 친구였던 핼리(Edmund Halley, 1656~1742)가 혜성에도 만유인력의 법칙이 들어맞는지 어떤지를 알기 위해 24개의 혜성에 대해서 그 궤도를 연구했다.

가장 자세한 자료가 갖추어졌던 것은 1682년의 혜성으로 이는 핼리 자신이 관측했다. 이 혜성을 조사해 보니까 그것이 75년 전인 1607년의 혜성과 궤도가 닮았음을 깨달았다. 그리고 또 그 76년 전 1531년의 혜성, 또 75년 전 1456년의 혜성도 역시 모두 비슷한 궤도를 가지고 있었다.

이들은 모두 같은 혜성이 아닐까? 그 궤도는 당시 알려졌던 가장 바깥쪽의 행성인 토성의 궤도보다 더 바깥쪽에서 닫혀서 가늘고 긴 타원형은 아닐까? 핼리는 이렇게 생각했다.

그래서 이 혜성이 1758년에 다시 나타나리라고 예언했다.

그 예언이 들어맞는지 어떤지를 보기 위해서는 핼리가 102세까지 살아야만 했지만 85세로 죽었다. 1758년의 크리스마스 밤에 하나의 혜성이 발견되고 1759년 초에 그것은 근사한 모습으로 사람들 눈에 선을 보였다. 핼리의 예언은 들어맞았다. 이 혜성은 핼리혜성으로 불리게 되었다. 또 1910년에 나타난 혜성도 핼리혜성이었다.

이것으로 혜성이 만유인력의 법칙에 따라서 태양의 둘레를 운행하고 있는 천체인 것이 밝혀졌다. 지금은, 혜성이 불행을 예언하기 위해서 신이 출현하게 한 것으로 생각할 이유는 아무것도 없다—그러나 이다음에 다시 이 혜성이 나타났을 때, 세

대혜성 출현, 핼리의 예언은 적중했다

계의 종말이 가까워졌다고 생각하여 준비하는 사람은 역시 있을 것이다.

태양에 가까워지면 혜성의 꼬리가 길어진다

혜성이 행성과 같은 법칙 밑에서 태양 둘레를 운행하는 천체임을 알았지만, 그 본성은 도대체 무엇일까?

혜성은 행성에 가까워져서 궤도가 달라지는 경우가 있다. 이 때문에 혜성이 다음에 돌아왔을 때의 예보를 정밀하게 내기가 어려운 일이 많다. 혜성의 궤도는 행성에 의해서 아주 딴판으로 달라지는 수도 있다. 그러나 행성의 궤도 쪽은 전혀 영향을 받지 않는다. 1779년 혜성은 목성의 위성 사이를 통과했지만, 목성 위성의 궤도는 전혀 변동이 없었다.

이것은 어째서일까? 혜성은 그 거대한 체적에도 불구하고 무게는 무시할 만큼 작기 때문이다. 큰 혜성의 무게라도 중간 크기의 소행성 정도로 생각되고 있다.

그렇다면 혜성은 유별나게 희박한 천체인 셈이다. 지구의 대기보다도 훨씬 더 엷다. 이것은 혜성의 꼬리를 통해서 보이는 항성의 밝기가 전혀 변하지 않는 데서부터라도 알 수 있다. 1910년에는 핼리혜성의 꼬리 속을 지구가 통과했으나 아무 일도 일어나지 않았다. 또, 지구와 태양의 바로 중간에 핼리혜성이 온 일도 있었지만, 핼리혜성은 그림자도 형태도 없어지고 태양만이 아무 관계도 없는 듯이 빛나고 있었다.

하버드대학 천문대의 위플(Fred Whipple, 1906~2004) 교수는 몇 년 전엔가 혜성은 얼음으로 되어 있다는 설을 발표해서 이 설이 오늘날 널리 인정되고 있다. 위플 교수는 혜성이 대부분 얼음으로 되어 있다고 생각한다. 이 얼음은 물, 메탄가스, 이산화탄소(탄산가스), 암모니아 등이 언 것이다. 혜성이 태양에서 멀리 떨어져 있을 때는 얼어 있는 채로 있으나 태양에 가까워지면 일부가 증발해서 가스와 먼지를 뿜어낸다.

이것이 태양풍(太陽風)에 불려서 혜성의 꼬리가 되는 것이다. 태양풍이란 태양에서 사방으로 뛰쳐나가는 알맹이의 흐름이다.

혜성의 꼬리는 1531년에 처음으로 주목되었지만 언제나 태양과 반대 방향으로 뻗는다. 또, 태양에 가까워질수록 꼬리는 커진다.

그러나 그처럼 대량의 물질이 증발해서 꼬리가 되어 없어지는 것은 아니다. 얼음은 열을 전달하기 힘들고 혜성이 태양 가까이에 있는 시간은 비교적 짧기 때문이다.

혜성의 죽음

그러나 혜성은 태양에 가까워질 때마다 여위어 가고, 몇십 회나 태양 곁으로 돌아오고 나면 이제 소멸하고 만다. 100년이나 되는 주기의 혜성이라도 수천 년 정도의 수명밖에 없는 것으로 생각된다. 따라서 인류는 그 역사 시대 동안에 혜성의 삶과 죽음을 볼 수 있는 셈이다.

실제로 이것은 가능하고 그 예가 핼리혜성이다. 1910년에 핼리혜성이 보였을 때는 그전 같은 밝기에 미치지 못했다. 1986년에 다음 출현이 있겠지만, 더욱 쇠퇴한 모습밖에 볼 수 없으리라. 핼리혜성은 죽어 가고 있다.

또 몇 개의 혜성은 그 죽음이 확인되고 있다. 가장 유명한 예는 비엘라혜성이다. 이것은, 1772년에 독일의 천문학자 **비엘라**(Wilhelm von Biela)에 의해서 발견되었다. 주기는 약 6.6년으로, 몇 번이나 관측되었다. 1846년에는 2개로 분열된 것이 관측되었는데 그 후 다시 관측되는 일이 없었다. 비엘라혜성은 죽어버린 것이다.

그런데 비엘라혜성의 이야기는 이것으로 끝나지 않았다. 혜성의 궤도에 따라서 많은 유성(流星)이 날리고 있다. 1872년은 비엘라혜성이 지구의 바로 근처까지 다가올 해였다. 혜성은 보이지 않았으나 그해 지구가 비엘라혜성의 궤도 근방을 지나갔을 때, 굉장한 유성군(流星群)이 관측되었다.

혜성을 만들고 있는 얼음 속에는 수많은 돌멩이가 들어 있어서, 얼음이 모두 녹은 뒤에도 혜성의 유령으로 남아 있는 모양이다.

혜성의 창고가 있는가

이처럼 혜성의 수명이 짧다면, 매년 몇 개의 새로운 혜성이 발견되는 것처럼 현재도 아직 혜성이 존재하기 위해서는 50억 년으로 알려진 태양계의 연령 동안에 새로운 혜성이 꾸준히 태어나고 있어야만 한다.

이 의문에 대한 가장 간단한 답은 혜성이 태양계 밖에서 들어왔다고 하는 것이다. 어떤 혜성은 태양의 옆을 스쳐 지나가서 두 번 다시 돌아오지 않을 것이고, 어떤 것은 행성의 인력에 끌려 궤도가 변하고 태양 둘레를 가늘고 긴 궤도에 따라 돌게 된다. 그리고 몇십 번이나 태양에 가까워지는 동안에 죽어 버리는 것이리라.

그러나 혜성이 태양계 밖에서 들어온다면 그 궤도는 쌍곡선이어야만 하는데, 확실하게 쌍곡선의 궤도를 가진 혜성은 관측된 일이 없는 것이다.

그렇다면 혜성의 창고 같은 것이 태양계 어딘가에 있다고 하는 설이 나아 보인다. 그 설에 의하면 '얼음' 소행성의 구름이 태양에서 1광년 또는 2광년인 곳에 있어 태양계를 둘러싸고 있다는 것이다.

이러한 '얼음' 소행성의 구름이 어떻게 해서 생겼는지의 설명은 간단하다. 만약 태양계가 먼지와 가스의 큰 덩어리로 된 것이라면 이런 덩어리의 바깥 부분은 밀도가 낮아서 행성이 생길 정도까지 못되어 작은 행성이 수많이 만들어졌다는 것이다. 이러한 장소는 태양에서 멀리 떨어져 있기 때문에 온도는 절대영도에 가깝고 얼음이 증발해 버리는 일도 없다.

이와 같은 「혜성상 소행성」은 모두 1000억 개 정도 있고,

그 무게의 합계는 지구의 1/100 또는 1/10 정도로 추정되고 있다.

그러면 1개의 혜성상 소행성의 무게는 6억 톤 또는 60억이 된다. 만약 밀도를 얼음과 같다고 하면 그 지름은 1㎞ 정도가 된다.

1000억 개나 소행성이 있다면, 무슨 방법으로 관측할 수 있을 법하다고 여러분은 생각할 것이다.

그러나 태양에서 1광년 또는 2광년의 공간에 고르게 분포되었다고 생각하면 이들 소행성 사이의 평균 거리는 20억 킬로미터나 떨어져 있는 셈이 된다. 이것은 지구에서 천왕성까지의 거리에 가깝다.

지름 1㎞ 정도의 덩어리가 서로 20억 킬로미터나 떨어져서 존재한다면, 반사광 또는 별빛을 가리는 것으로라도 그 존재가 나타날 가능성이 없다.

혜성상 소행성군

구름의 한복판쯤에 있는 하나의 혜성상 소행성을 생각해 보자. 태양은 1.5광년 거리에 있고 별처럼 보일 뿐이다. 그 밝기는 -2등급이고 하늘 전체에서 가장 밝은 별이기는 하다. 태양의 인력의 영향을 받고는 있지만, 그것도 약하다.

이 소행성이 태양 둘레를 원운동하고 있다고 하면 그 속도는 매분 6㎞이다. 이것은 굉장한 속도라고 생각될지도 모르나, 지구는 매분 1,800㎞로 움직이고 있으며, 명왕성만 해도 매분 200㎞보다 느리게 움직이지는 않는다.

이 느린 속도로 소행성이 태양을 한 바퀴 도는 데 걸리는 시간은 약 3000만 년이다. 따라서 태양계가 생긴 후, 아직 200 바퀴도 못 돈 셈이다.

이 혜성상 소행성을 궤도를 벗어나서 태양 가까이 떨어뜨리는 힘은 무엇일까? 오직 하나의 가능성은 다른 항성(恒星)의 인력으로 생각된다. 켄타우루스자리 α별의 인력은, 만약 이런 소행성이 바로 태양과 α별을 잇는 선 위에 온다고 하면 태양의 1/2이 되므로 이는 무시할 수 없는 값이다. 태양의 1% 이상의 인력을 미치는 별은 이 밖에도 몇 개가 있다.

만약, 이러한 항성의 영향으로 소행성의 속도가 느려지면 궤도는 원에서 타원이 되어 태양으로 가까워진다. 속도가 느려지는 비율이 심할 경우 궤도의 타원은 상당히 길쭉한 것이 되어 태양의 근방까지 다다를 것이리라. 소행성은 태양의 근처까지 떨어져서는 웅대한 꼬리를 만들고 또, 그전의 구름의 고장까지 되돌아간다. 이 주기는 1000만 년 정도로 인류에 대해서는 엄청나게 긴 주기이고, 같은 혜성을 몇 번이나 보게 되는 일이란 없다.

여위어 버린 엥케혜성

물론, 혜성이 태양계 안쪽의 행성이 돌고 있는 곳까지 오면 행성의 인력으로 궤도가 달라질 가능성이 생긴다. 어떤 경우에는 속도가 늘어서 쌍곡선 궤도가 되고 태양계 밖으로 뛰쳐나가게 될 것이다. 또 반대로 속도가 줄어서 구름의 고장까지 되돌아올 에너지를 잃고 행성에 붙잡힌 꼴이 되는 경우도 있으리라.

외행성(外行星)은 어느 것이나 혜성의 「족(族)」을 가지고 있다.

이들은 그 외행성에 붙들린 혜성으로 이루어진 것으로 짐작된다. 그중에는 물론, 목성족(木星族)이 가장 큰 족이다. 이 목성족 가운데 제일 재미있는 것은 엥케(Ehcke)혜성이리라. 이는 프랑스의 천문학자 **퐁스**(Jean Louis Pons, 1761~1831)가 발견하고, 독일의 천문학자 **엥케**(Johann Franz Encke, 1791~1865)가 1818년에 그 궤도를 연구했던 혜성이다.

엥케혜성이 태양 둘레를 한 바퀴 도는 주기는 3.3년이고, 모든 혜성 중에서 가장 짧다. 태양에서 가장 멀리 떨어진 점은 6억 킬로미터로 이는 목성의 거리보다도 가깝다. 태양에 가장 가까워지는 점에서는 수성의 궤도에 접근하므로 수성의 무게를 결정하는 데 이용되었다.

엥케혜성은 어두워서 그다지 뛰어나지 않다. 긴 꼬리를 보이는 일도 없다. 다른 혜성의 어느 것보다도 많은 횟수로 태양 근처를 지나갔기 때문이다. 얼음은 거의 다 증발해 버려서 현재는 돌멩이와 그사이에 조금 남은 얼음으로 되어 있는 것 같다.

물론, 혜성의 구름은 점점 희박해진다. 태양 가까이 떨어진 혜성은 머지않아 죽어버리고 항성의 인력으로 속도를 증가하여 멀리 날아가 버리는 것도 있다.

그러나 혜성의 구름에 새로운 혜성이 보급되는 일이 없으므로 수는 줄어들 뿐이다.

하지만, 걱정할 것은 없다. 혜성의 구름으로부터 매년 3개의 혜성이 태양계의 중심부로 떨어지고, 역시 3개의 혜성이 태양계의 훨씬 밖으로 튕겨 나가는 것으로 추정된다. 이런 비율로 나가면 태양계가 생겨서 50억 년 사이에 300억 개의 혜성이 없어진 셈이 된다. 그래도 전체 수의 30%에 지나지 않는다.

항성의 중계기지는 지름 1㎞의 혜성상 소행성이다

혜성이 없어져 가고 있다고는 하지만 아직도 수십억 년은 괜찮다.

항성으로의 중계기지는 여기다

내가 이 장의 첫머리에서 말했던 중계기지란 이런 혜성상 소행성의 이야기였다. 만약 명왕성까지 갈 수 있었다면 거기서부터 혜성상 소행성까지 가기는 그다지 어렵지 않고, 또 켄타우루스자리 α별까지는 얼마 안 되는 거리다.

지름 1㎞의 혜성상 소행성 위에 기지가 건설되면, 한 기지에서 다른 기지로 건너갈 수도 있으리라. 태양에서 2광년인 곳에서 이 건너가는 일을 그만두어야 할까. 아니, 켄타우루스자리 α별도 그 둘레에 이런 소행성의 구름을 가지지 않았다고 말할 수는 없지 않은가.

만약 그렇다면, 태양을 둘러싼 구름의 바깥 부분과 켄타우루스자리 α별을 둘러싼 구름의 바깥 부분은 매우 가까운 셈이 된다. 그리고 태양에서 켄타우루스자리 α별까지는 얼음 위의 기지를 따라서 마치 등산가가 많은 캠프를 설치해서 높은 산으로 오르듯 다다를 수 있으리라.

솔직히 말해서 나는 이 방법으로 항성의 탐험이 실행될 보람이 있는 것으로 보이게 될지는 모르지만, 만약 항성 탐험을 한다면 이것이 가장 쉬운 방법인 것만은 확실하다.

11장 명멸하는 이정표

—은하 우주 세 개의 수수께끼의 3번째 해명

은하계는 렌즈 모양을 하고 있다

가끔가다가 천문학자의 우주의 크기에 대한 생각은 갑작스럽게 변화한다—그때마다 우주의 넓이는 확대되는 것이다. 이런 변화의 가장 최근 것은 전시 중 등화관제에 그 책임이 있다.

금세기 초까지 천문학자의 우주의 크기에 관한 지식은 대단히 막연한 것이었다. 그 당시 가장 신뢰할 만한 추정은 네덜란드의 천문학자 **캅테인**(Jacobus Cornelius Kapteyn, 1851~1922)에 의한 것이다. 1906년 이후, 그는 은하의 관측을 지휘하고 있었다. 하늘의 작은 부분을 사진으로 찍어서 그 속의 별을 모두 헤아리는 일을 하고 있었다. 이 별들을 모두 중간 정도의 밝기를 가진 별로 가정하여, 겉보기의 밝기에서 거리를 결정하는 것이다.

그의 결론은 은하계가 렌즈와 같은 형태를 하고 있다는 것이었다. 이는 1세기 전 허셜의 시대에서 일반이 인정했던 생각이다. 은하는 우리가 이 렌즈의 주변 쪽을 볼 때 몇백만이나 되는 먼 별들이 구름처럼 보이는 데 지나지 않는다. 캅테인은 은하계의 지름을 2만 3천 광년, 두께 6천 광년으로 추정했다. 그리고 당시의 생각에 따르면, 은하계 밖에는 아무것도 없었다.

그는 또 다음과 같이 해서 태양계가 은하계의 거의 중심에 위치한다고 결론했다. 우선, 은하수는 하늘을 꼭 이등분하는 것처럼 보인다. 이것은 우리가 렌즈형을 한 은하계의 중심 면에 있기 때문이고, 만약에 이 면을 벗어나서 훨씬 위쪽이나 아래쪽에 있다면, 은하수도 하늘을 꼭 이등분하는 것이 아니라 어느 쪽으로 치우쳐 보일 터이다.

둘째로 은하수는 그 한 바퀴의 어느 곳에서나 대개 같은 밝기를 가졌다. 만약 태양계가 렌즈의 주변에 가까운 곳에 있다면, 중심 쪽을 보면 은하수가 밝고 반대쪽에서는 그다지 밝게 보이지 않을 터이다.

결국 태양은 은하계의 중심에 있다. 그것을 밤하늘의 별들이 대칭적인 데서 알 수 있다고 하는 것이 캅테인이 얻은 성과였다.

그러나 밤하늘에는 대칭적이 아닌 분포를 나타내는 천체도 있었다. 구상성단(球狀星團)이라고 해서 많은 별이 공과 같은 모양으로 모인 것이 있다.

1개의 구상성단에는 10만 또는 수백만의 별이 포함되는데, 우리 은하계에는 이런 구상성단이 200개 정도 알려져 있다.

그런데 구상성단의 실제 분포는 어디에 몰려 있는 것이 아니라 고르게 되어 있는 것이리라.

우리가 은하계의 중심 가까이에 있다면, 구상성단의 겉보기 분포도 고른 상태여야 할 것이다. 그런데 그렇지 않다. 구상성단은 전갈자리와 궁수(弓手)자리를 중심으로 한 하늘의 부분에 특히 많은 것이다.

우주의 새로운 관점

천문학자를 괴롭히는 기묘한 사실은 흔히 우주를 더욱 올바르게 이해하기 위한 중요한 문턱이 되고 있다.

구상성단의 분포 문제를 푸는 열쇠, 이는 동시에 우주의 새로운 관점으로의 입구를 열어 주는 것이기도 했는데, 이는 어떤 종류의 변광성(變光星) 연구에서 얻어졌다. 변광성이란 밝기가 변하는 별이다. 점멸(點滅)하는 별이라고 시적으로 말해도 좋을지 모른다.

변광성은 그 변광(變光)의 형에 따라 많은 종류로 나누어진다. 어떤 종류의 별은 외부적인 원인으로 변광하고 있다. 그런 종류에서 가장 흔한 것은 2개의 별이 서로 공전하고 있고, 한쪽이 다른 쪽을 가리기 때문에 어두워지는 것이다. 페르세우스자리의 알골 별은 둘레에 어두운 별이 돌고 있고, 69시간마다 밝은 별을 가리고 있다. 이 「식(食)」이 일어나는 동안에, 알골은 밝기가 1/3로 떨어진다. 이 식은 개기식(皆旣食)이 아니다. 식은 시작해서 끝날 때까지 10시간 정도 계속된다.

더 흥미 있는 것은 실제로 밝기가 변하는 별이다. 어떤 것은 대폭발이나 소폭발을 되풀이한다. 어떤 것은 불규칙하게 밝기를 변하고, 또 다른 것은 규칙 있게 밝기를 변한다.

규칙 있게 변광하는 별 가운데 비교적 밝고 주목할 만한 예로서 케페우스자리의 델타(δ)별이 있다. 그 밝기는 5.37일의 주기로 변화하고 있다. 가장 어두울 때에서 가장 밝아질 때까지는 약 2일이고 그 후는 차츰 어두워진다. 밝기가 변하는 비율은 약 2배이다. 밝아질 때가 어두워질 때보다도 급하다.

케페우스자리 δ별은 스펙트럼을 조사하면 커졌다가 작아졌다 한다. 만약 표면 온도가 변하지 않는다면 가장 클 때가 가장 밝은 셈이지만 그렇지 않고 표면 온도도 변화하고 있다. 그리고 가장 온도가 높아졌을 때가 가장 밝고, 온도가 최저가 되었을 때가 가장 어두워질 때이다. 또, 가장 밝을 때는 크기가 최소에서 최대로 변화하는 바로 중간일 때고, 가장 어두울 때는 최대에서 최소로 줄어드는 바로 중간일 때이다.

이 규칙적이면서도 크기와 온도의 변동이 들어맞지 않는 변화의 원인은 아직도 수수께끼다.

이러한 변광성은 달리 많이 발견되었는데, 최초로 발견된 것이 케페우스자리 δ별이었기 때문에 케페우스 델타형(케페이드, Cepheid)으로 불리고 있다.

케페이드 변광성에도 여러 주기의 것이 있다. 짧은 것은 1일, 긴 것은 45일에 이른다. 태양계에 비교적 가까운 케페이드 변광성은 1주일 정도 주기의 것이 많다.

가장 밝고도 가장 가까운 케페이드 변광성은 북극성이다. 주기는 4일이지만, 밝기의 변화는 10%에 불과하다. 그래서 일반 사람은 거의 깨닫지 못하고 천문학자도 더 크게 변화하는 케페우스자리 델타별 쪽을 더 열심히 연구하고 있는 것도 무리가 아니다.

구상성단 가운데도 케페이드 변광성이 많이 발견된다. 태양계에 비교적 가까운 케페이드 변광성과의 큰 차이는 구상성단 속의 것이 극히 주기가 짧은 데 있다. 긴 것이 1일, 짧은 것은 1시간이란 주기의 것이 알려졌다. 이들은 성단 케페이드로 불리고 이에 대해서 보통의 것은 고전적 케페이드로 불린다. 그러나 성단 케페이드 변광성은 구상성단 안에서만이 아니라 다른 곳에서도 알려져 있다.

그래서 현재는 성단 케페이드란 이름 대신에 그 형의 변광성 중, 가장 많이 연구된 별의 이름을 따서 거문고자리 RR별형으로 불리는 것이 통례가 되었다.

우주의 축척(縮尺)이 만들어졌다

1912년, **레빗**(Henrietta Swan Leavitt 1868~1921)이 작은 마

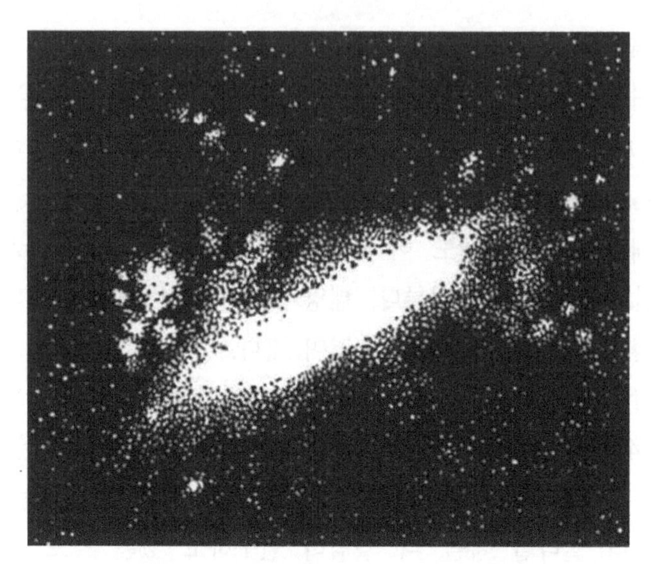

1520년, 마젤란은 남반구의 밤하늘에 걸리는 대성을 보았다

젤란운 속에서 수십 개의 케페이드 변광성을 발견하기까지는 이 별이 우주의 크기를 알아내는 데 관계가 있으리라고는 아무도 생각 못 했다. 작은 마젤란운은 큰 마젤란운과 같이 은하수가 끊어진 듯 보이는 것으로 남반구에서 보인다. 유럽 사람으로 처음 이것을 본 것은 세계 일주를 한 마젤란의 일행으로 1520년의 일이었다.

이 마젤란운을 큰 망원경으로 보면 하나하나의 별이 보인다. 마젤란운은 우리에서 극히 멀리 떨어진 곳에 있으므로, 그 속의 각각의 별의 거리 차이는 그다지 문제 되지 않는다. 이것은 서해안의 워싱턴주에 있는 사람들이 거기서 5,000㎞ 떨어진 동해안의 보스턴에서 보면 모두 비슷한 거리에 있다고 해도 좋은 것과 같다.

따라서, 작은 마젤란운에 있는 별이 다른 별의 2배의 밝기였다면, 실제의 밝기도 2배라고 생각해도 좋다. 거리의 차이 때문에 문제가 복잡해지는 일이 없는 것이다.

레빗이 케페이드 변광성의 밝기와 주기의 관계를 그래프로 그려 보았더니, 두 개 사이에는 뚜렷한 관계가 있음을 알게 되었다. 밝은 케페이드 변광성일수록 주기가 긴 것이다. 그녀는 이 관계를 나타내는 그래프를 「주기광도 곡선」이라고 불렀다.

이러한 곡선은 우리 근방의 케페이드 변광성으로부터는 발견할 수 없었으리라. 그것은 거리에 따라서도 겉보기의 밝기가 달라지기 때문이다. 예를 들어 케페우스자리 델타별은 북극성보다도 주기가 길고, 따라서 실제의 밝기는 더 밝다. 그러나 북극성 쪽이 우리에게 가깝기 때문에 겉보기에 더 밝다. 그래서 반대로 주기가 긴 쪽이 어두워지는 셈이다. 물론 이 두 별의 거리가 알려지면 실제의 밝기도 알려지지만, 당시는 아직 거리를 아는 방법이 없었다.

주기광도 곡선이 발표되자, 천문학자는 모든 케페이드 변광성에 이 관계를 적용해 보았다. 그래서 우주의 모형을 그려 볼 수 있었다. 즉, 2개의 주기가 같은 케페이드 변광성이 있으면 실제의 밝기도 같다고 놓고 겉보기의 밝기로부터 거리의 비를 내는 것이다. 만약, A란 케페이드 변광성이 주기가 같은 케페이드 변광성 B의 1/4 밝기밖에 안 되면, 그것은 A의 거리가 B의 2배가 되기 때문이라고 생각하는 셈이다. 밝기는 거리의 2제곱에 반비례하기 때문이다. 2개의 케페이드 변광성의 밝기가 틀릴 경우에도 주기광도 곡선을 이용해서 좀 더 복잡한 계산을 하면 역시 거리의 비를 유도할 수 있다.

모든 케페이드 변광성의 거리 비율이 알려졌을 때 다음으로 필요한 것은 어느 하나의 케페이드 변광성의 실제 거리다. 이것이 알려지면 다른 모든 케페이드 변광성의 거리도 알려지게 되는 셈이다.

유일한 난점은 여기에 있었다. 별의 거리를 결정할 확실한 방법은 그 시차(視差)를 측정하는 것이다. 그러나 100광년 이상의 거리가 되면 시차가 너무 작아서 측정할 수가 없다. 불행하게도 가장 가까운 케페이드 변광성인 북극성도 수백 광년이나 되는 거리에 있다.

천문학자는 중간 정도의 거리에 있는 산개성단(散開星團)을 이용한 복잡한 통계적 방법에 의존하지 않을 수 없었다. 이렇게 해서 산개성단의 거리를 구하고, 그 속에 든 케페이드 변광성의 거리를 알게 되었다. 이렇게 해서 우주의 모형에는 축척(縮尺)이 명기되기에 이르렀다. 케페이드 변광성은 천문학자에 있어서 명멸(明滅)하는 이정표가 되었던 셈이다.

위성 은하계

1918년, **섀플리**(Harlow Shapley, 1885~1972)는 여러 구상성단의 거리를 레빗의 주기광도 곡선을 써서 결정하는 작업을 시작하고 있었다. 그가 얻었던 수치는 조금 지나치게 컸던 사실이 뒤에 판명되었지만, 이 측정을 바탕으로 그려진 은하계의 그림은 오늘날까지 살아남고 있다.

구상성단은 얇은 은하계의 아래위 대칭으로 분포되어 있다. 이 구상성단 분포의 중심은 은하수 안이지만 태양계에서 몇만 광년이나 떨어져 있고, 궁수자리 방향에 있다.

이 방향으로 구상성단이 많이 관측되는 것은 이러한 분포를

하고 있기 때문이다.

섀플리는 구상성단 분포의 중심이 은하의 중심이라고 생각했는데, 이것은 옳은 생각이었다. 즉, 우리는 은하계의 중심에서 상당히 떨어진 곳에 있는 것이다.

우리는 은하수의 중심 면 안에 있기는 하다. 그것은 은하수가 하늘을 바로 이등분하고 있는 데서 말할 수 있다. 그러나 은하수가 하늘을 일주하고 있는 어느 장소에서도 거의 같은 밝기로 보이는 까닭은 무엇일까? 그 답은 우리 은하계의 변두리에는 먼지가 많이 있다는 것이다. 이 먼지가 은하계의 중심부를 아주 많이 가리고 있는 셈이다.

이 때문에 망원경을 쓰든 안 쓰든 우리가 볼 수 있는 것은 은하계 변두리의 극히 일부뿐인 셈이다. 그리고 우리가 광학적(光學的)으로 관측할 수 있는 부분의 크기는 캅테인이 추정했던 은하의 크기와 크게 다르지 않다. 캅테인의 오산(誤算)은 우리가 은하 전체를 보고 있다는 가정에 있었다. 이는 그 당시로써는 어쩔 수 없는 일이었다.

현재 옳다고 생각되는 은하계의 모델은 지름 10만 광년, 중심부의 두께 2만 광년의 렌즈형 집단이다. 두께는 주변으로 감에 따라 작아져서 중심에서 3만 광년인 태양의 위치에서는 3천 광년에 지나지 않는다.

은하계의 크기가 알려지기 이전에 마젤란 성운 속의 케페이드 변광성은 마젤란 성운의 거리를 내는 데 이용되었다. 그 거리는 10만 광년이었다. 그러나 최근의 결정에 의하면 큰 마젤란 성운이 15만 광년, 작은 마젤란 성운이 17만 광년으로 나와 있다. 이 두 마젤란 성운은 은하계 옆에 있는 작은 은하로서 우리 은하계의 「위성(衛星) 은하」라고 부를 수 있으리라.

태양이나 그 근처의 별들은 2억 년 동안 은하 중심의 둘레를 한 바퀴 돌고 있는데, 여기서부터 은하의 중심부 무게를 구할 수 있다. 이 중심부에 은하계 무게의 대부분이 집중되고 있는데, 그 무게는 태양의 900억 배이다. 태양이 무게로 말해서 중간 정도의 별이라고 가정하면 은하계는 전체로서 1000억 개의 별을 포함한다고 말할 수 있다. 두 마젤란 성운은 합쳐서 60억 개의 별을 포함하고 있다.

더욱 커진 우주

1920년대에는 우리 은하와 그 위성 은하 이외에 우주에는 무엇인가 존재하리라는 것이 논의되었다. 구름과 같은 이상한 천체가 혹시 은하계 밖에 있는 것이 아닐까 하고 의심되고 있었다. 그중 유명한 안드로메다자리의 대성운은 관심의 초점이었다.

그때까지도 은하계 속에 몇 개의 성운이 있는 것은 알려져 있었다. 이들 성운은 근처의 고온의 별에 쬐서 빛나고 있다. 이를테면 오리온자리의 대성운이 그것이다. 그런데 안드로메다자리의 대성운은 그러한 별에 의하여 쬐는 것 같지 않고, 스스로 빛을 내고 있는 듯했다. 만약에 그렇다면 은하나 마셀란운처럼 작은 별로 분해해서 볼 수 있는 것일까? 은하나 마젤란 성운을 별들로 분해해서 볼 수 있었던 망원경으로도 안드로메다자리의 대성운은 구름처럼 보였을 뿐이었지만 이것은 거리가 극히 멀기 때문일까?

해답은 1924년에 얻어졌다. 그해 허블은 윌슨산 천문대에

오리온자리의 대성운은 부근의 고온의 별에 비추어 빛난다

신설된 2.5m의 반사망원경을 안드로메다자리의 대성운으로 돌려 보았다. 그리고 특히 사진에는 대성운의 주변부에 별들이 보였다. 더욱이 그 별들 가운데 케페이드 변광성이 발견되었고, 이를 토대로 하여 75만 광년이란 거리가 결정되었다. 이 값은 그 후 30년간 천문학책에 실리게 되었던 셈이다.

이러한 거리이고 보면 안드로메다자리 대성운은 은하계 정도의 크기인 것이 된다. 그래서 안드로메다은하라고 불리게 되었다. 허블은 안드로메다은하 이외에도 많은 성운이 은하임을 실증했다. 우주의 크기는 몇십만 광년에서 일약 몇억 광년으로 확대되었다.

안드로메다은하의 두 종류의 별

그런데 몇 개의 의문이 미해결인 채 남았다. 그 하나는 다른 은하가 우리 은하보다 꽤 작다는 것이다. 어째서 우리 은하만이 뛰어나게 큰 것일까?

둘째, 안드로메다은하도 구상성단에 둘러싸였지만, 그 구상성단은 우리 은하의 것들보다도 상당히 작다. 이것은 어째서 이럴까?

셋째, 은하들의 거리와 우주의 팽창 속도로부터 계산하면, 불과 20억 년 전에 우주는 한 점에 모여 있던 셈이 된다. 지질학에서는 지구가 20억 년보다는 꽤 오랜 것으로 알려져 있다. 우주보다도 지구의 나이가 많다는 일이 있을 수 있을까?

해답은 1942년에 나오기 시작했다. 그해 **바데**(Water Baade, 1893~1960)는 2.5m 반사망원경으로 안드로메다은하를 다시 관측해 본 것이다. 그때까지는 오직 바깥쪽 주변에 가까운 부분만이 별들로 분해되었지만, 바데는 등화관제로 로스앤젤레스의 시가 등불이 꺼지고 밤하늘이 극히 맑게 보였던 기회를 이용해서 안드로메다은하의 더욱 중심에 가까운 부분의 분해를 시도했다.

결과는 성공이었다. 바데는 안드로메다은하 안쪽의 매우 밝은 별들을 관측할 수 있었다.

그러고 보니까 안쪽의 별들과 주변의 별들 사이에는 큰 차이가 있는 것을 알게 되었다. 안쪽에서 가장 밝은 별은 붉은 별이고, 주변에서는 푸른 별이 가장 밝았다. 실은 이것도 주변부가 일찍이 별들로 분해되었던 이유의 하나였다. 왜냐하면 당시의 사진 건판은 푸른 빛에 훨씬 감도가 더 좋았기 때문이다.

더구나 주변부의 가장 밝은 푸른 별은 중심부의 가장 밝은 붉은 별보다도 100배나 밝았다.

바데는 안드로메다은하에 다른 구조와 역사를 지닌 두 종류의 별이 있다고 생각했다. 그는 주변부의 별을 종족(種族) I, 내부의 별을 종족 II로 이름 지었다.

종족 II의 별은 우주의 별의 98%를 차지하는 별이다. 이들은 대개 나이 든 중간 정도 크기의 별이고, 성질이 고르고, 둘레에 먼지가 적은 곳에 있다.

종족 I의 별은 소용돌이 모양의 팔(줄기)을 가진 은하에서 먼지가 많이 낀 팔 속에만 존재한다. 종족 II의 별에 비하면 나이나 구조가 고르지 못하고, 극히 젊고 고온으로 밝은 별들을 포함한다(아마도 종족 I의 별은 무겁고 밝아서 수명이 짧은 모양이다).

더욱더 우주는 넓어졌다

그런데 우리 태양은 은하의 팔 속에 있고, 밤하늘에 보이는 많은 별과 더불어 종족 I에 속한다. 다행하게도 태양은 비교적 나이 먹어 침착한 별로 이 종족에 전형적인 맹렬한 별이 아니다.

5m의 망원경이 팔로마산에 설치되자 바데는 2개 종족의 연구를 계속했다. 케페이드 변광성은 어느 쪽 종족에서도 발견되어 이것이 재미나는 문제를 만들어 내고 있었다.

마젤란운(이것은 팔을 가지지 않았다) 속의 케페이드 변광성은 종족 II에 속한다. 구상성단 속의 거문고자리 RR형 별도 마찬가지다. 또 구상성단에 들어 있지 않은 이 종류의 별에서 거리를 결정하는 토대가 된 것도 마찬가지다. 즉, 구상성단이나 마

전쟁 중의 등화관제는 우주를 넓히는 데에 도움이 되었다

젤란운의 거리를 결정하는 데 관련되었던 변광성은 모두 종족 II의 별이었다. 여기까지는 좋다.

그러나 다른 은하에 대해서는 어떨까? 안드로메다은하 같은 은하 속에서 허블이 관측할 수 있었던 것은 팔 속에 있는 매우 밝은 별뿐이었다. 이 별들은 종족 I의 별들이다. 그리고 그 속의 케페이드 변광성은 종족 I의 케페이드 변광성이다. 종족 I의 별과 종족 II의 별은 매우 다르기 때문에 종족 II에서 유도되었던 주기광도 관계가 종족 I에도 들어맞는 것일까?

바데는 종족 I의 케페이드 변광성과 종족 II의 그것과의 비교 연구를 시작하여, 1952년에 종족 I의 케페이드 변광성은 레빗이 냈던 주기광도 곡선에는 들어맞지 않는다고 발표했다. 같은 주기의 것에 대해서 비교하면, 종족 I의 것은 종족 II의 것보다도 4 또는 5배 밝은 것이다. 종족 I의 케페이드 변광성에 들어맞는 새로운 주기광도 곡선이 결정되었다.

이제 안드로메다은하의 팔 속에 있는 종족 I의 케페이드 변광성이 사실은 종전에 생각된 것보다 4배 이상 밝다고 하면, 같은 겉보기의 밝기가 되려면 2배 이상 먼 거리에 있다고 하지 않을 수 없다. 천문학자가 먼 은하의 거리를 재는 데 쓰고 있던 명멸(明滅)하는 이정표의 문자는 별안간에 3배로 고쳐 쓰인 것이다.

모든 은하는 3배나 먼 곳으로 밀쳐졌다.

우주는 또다시 크기를 증가한 것이다. 5m의 망원경으로 볼 수 있는 거리는 10억 광년 정도가 아니라, 넉넉히 20억 광년이 되었던 셈이다.

우주의 역사는 더 길었다

이것으로 은하에 관한 수수께끼도 풀리게 되었다. 모든 은하가 3배의 거리에 있다면 그 실제 크기는 이전에 생각한 것보다도 커지는 셈이다. 다른 은하들이 갑자기 커지기 때문에 우리 은하는 상대적으로 작아져서 특별히 큰 은하라고 할 까닭이 없어졌다. 사실 안드로메다은하는 포함하고 있는 별의 개수로 비교하면 적어도 우리 은하의 2배는 되는 것이다.

다음에 안드로메다은하를 둘러싸고 있는 구상성단은 전에 생각한 것보다도 더 밝은 셈이 되어 우리 은하에 속하는 것과 같은 정도의 밝기의 것이 되는 셈이다.

마지막으로 은하가 훨씬 멀리 물러간 덕분에 팽창 속도는 이전의 측정치와 별로 다름이 없으므로(팽창 속도 측정은 거리와 관계없이 실시된다), 우주가 한 점에 모여 있던 것은 훨씬 더 이전이 되는 셈이다. 즉, 우주의 나이는 적어도 50억 년*, 또는 60억 년이 되어, 지구가 우주보다도 나이를 더 먹었다는 이상한 일도 없어져 버렸다.

이제 모두가 한시름 놓은 셈이 되었다.

---

* 오늘날의 측정에 의하면 100억 년 또는 200억 년으로 밝혀졌다.

역자 후기

이 책은 아시모프(I. Asimov)의 'Asimov on Astronomy(1974)'를 옮긴 것이다. 이 제목이 풍기는 뉘앙스가 좀 묘하다. 모르는 사람이 보면, '이 저자는 꽤 자신이 만만하구나' 하고 느낄지도 모른다. 아시모프가 미국에서 이름난 현역 SF(공상과학소설) 작가인 것을 알고, 또 만사에 PR이 선행하는 미국의 풍습을 고려해 넣는다면, 아마 이해가 갈지도 모른다.

오늘날 SF 작가들이 즐기는 소설의 무대는 우주 공간, 별, 행성(行星), 달 등이다. 아시모프도 그 예외가 아니고, 이미 『은하제국(銀河帝國)의 흥망』, 『우주의 작은 돌』, 『암흑성운(暗黑星雲)을 넘어서』 등의 작품을 낸 바 있다.

그러나 아시모프 자신은 천문학자가 아니다. 그는 1949년에 컬럼비아대학에서 생화학으로 이학박사 학위를 받았다. 그 자신의 머리말에 있듯이 그는 과학 가운데서도 특히 천문학에 흥미를 느낀 독자를 위해서 이 책을 썼다.

그런데 놀라운 것은 그가 전문적인 천문학자 못지않게 천문학을 잘 이해하고 있고, 이것을 초보자에게 쉽고 재미나게 읽게 하는 비법을 터득하고 있다는 점이다. 역자는 이 책을 번역하면서 천문학을 가르치는 데 무엇이 필요한가에 관해서 배운 점이 많았다고 실토를 해야 할 것 같다.

오히려 아시모프가 천문학의 전문가가 아니었기 때문에 그가 느끼는 신선한 놀라움이 독자에게 그대로 전달되는 것인지도 모른다.

이 책은 단순한 흥미 위주의 통속적인 천문학의 해설서라기보다도 수식을 최소한으로 줄인, 재미나는 천문학 교과서의 조건을 갖추고 있다. 만약에 이 책에 수식이 더 필요하다고 느끼는 독자가 있다면 그 사람은 이제부터 천문학을 전공해야 할 사람이라고 생각한다.

현정준

아시모프의 천문학 입문

우주는 여기까지 밝혀졌다

초판 1쇄 1981년 11월 15일
개정 1쇄 2019년 07월 01일

지은이 I. 아시모프
옮긴이 현정준
펴낸이 손영일
펴낸곳 전파과학사
주소 서울시 서대문구 증가로 18, 204호
등록 1956. 7. 23. 등록 제10-89호
전화 (02)333-8877(8855)
FAX (02)334-8092
홈페이지 www.s-wave.co.kr
E-mail chonpa2@hanmail.net
공식블로그 http://blog.naver.com/siencia

ISBN 978-89-7044-891-6 (03440)
파본은 구입처에서 교환해 드립니다.
정가는 커버에 표시되어 있습니다.

도서목록

현대과학신서

A1 일반상대론의 물리적 기초
A2 아인슈타인 I
A3 아인슈타인 II
A4 미지의 세계로의 여행
A5 천재의 정신병리
A6 자석 이야기
A7 러더퍼드와 원자의 본질
A9 중력
A10 중국과학의 사상
A11 재미있는 물리실험
A12 물리학이란 무엇인가
A13 불교와 자연과학
A14 대륙은 움직인다
A15 대륙은 살아있다
A16 창조 공학
A17 분자생물학 입문 I
A18 물
A19 재미있는 물리학 I
A20 재미있는 물리학 II
A21 우리가 처음은 아니다
A22 바이러스의 세계
A23 탐구학습 과학실험
A24 과학사의 뒷얘기 I
A25 과학사의 뒷얘기 II
A26 과학사의 뒷얘기 III
A27 과학사의 뒷얘기 IV
A28 공간의 역사
A29 물리학을 뒤흔든 30년
A30 별의 물리
A31 신소재 혁명
A32 현대과학의 기독교적 이해
A33 서양과학사
A34 생명의 뿌리
A35 물리학사
A36 자기개발법
A37 양자전자공학
A38 과학 재능의 교육
A39 마찰 이야기
A40 지질학, 지구사 그리고 인류
A41 레이저 이야기
A42 생명의 기원
A43 공기의 탐구
A44 바이오 센서
A45 동물의 사회행동
A46 아이작 뉴턴
A47 생물학사
A48 레이저와 홀러그러피
A49 처음 3분간
A50 종교와 과학
A51 물리철학
A52 화학과 범죄
A53 수학의 약점
A54 생명이란 무엇인가
A55 양자역학의 세계상
A56 일본인과 근대과학
A57 호르몬
A58 생활 속의 화학
A59 셈과 사람과 컴퓨터
A60 우리가 먹는 화학물질
A61 물리법칙의 특성
A62 진화
A63 아시모프의 천문학 입문
A64 잃어버린 장
A65 별· 은하 우주

도서목록

BLUE BACKS

1. 광합성의 세계
2. 원자핵의 세계
3. 맥스웰의 도깨비
4. 원소란 무엇인가
5. 4차원의 세계
6. 우주란 무엇인가
7. 지구란 무엇인가
8. 새로운 생물학(품절)
9. 마이컴의 제작법(절판)
10. 과학사의 새로운 관점
11. 생명의 물리학(품절)
12. 인류가 나타난 날 I (품절)
13. 인류가 나타난 날II(품절)
14. 잠이란 무엇인가
15. 양자역학의 세계
16. 생명합성에의 길(품절)
17. 상대론적 우주론
18. 신체의 소사전
19. 생명의 탄생(품절)
20. 인간 영양학(절판)
21. 식물의 병(절판)
22. 물성물리학의 세계
23. 물리학의 재발견〈상〉
24. 생명을 만드는 물질
25. 물이란 무엇인가(품절)
26. 촉매란 무엇인가(품절)
27. 기계의 재발견
28. 공간학에의 초대(품절)
29. 행성과 생명(품절)
30. 구급의학 입문(절판)
31. 물리학의 재발견〈하〉(품절)
32. 열 번째 행성
33. 수의 장난감상자
34. 전파기술에의 초대
35. 유전독물
36. 인터페론이란 무엇인가
37. 쿼크
38. 전파기술입문
39. 유전자에 관한 50가지 기초지식
40. 4차원 문답
41. 과학적 트레이닝(절판)
42. 소립자론의 세계
43. 쉬운 역학 교실(품절)
44. 전자기파란 무엇인가
45. 초광속입자 타키온
46. 파인 세라믹스
47. 아인슈타인의 생애
48. 식물의 섹스
49. 바이오 테크놀러지
50. 새로운 화학
51. 나는 전자이다
52. 분자생물학 입문
53. 유전자가 말하는 생명의 모습
54. 분체의 과학(품절)
55. 섹스 사이언스
56. 교실에서 못 배우는 식물이야기(품절)
57. 화학이 좋아지는 책
58. 유기화학이 좋아지는 책
59. 노화는 왜 일어나는가
60. 리더십의 과학(절판)
61. DNA학 입문
62. 아몰퍼스
63. 안테나의 과학
64. 방정식의 이해와 해법
65. 단백질이란 무엇인가
66. 자석의 ABC
67. 물리학의 ABC
68. 천체관측 가이드(품절)
69. 노벨상으로 말하는 20세기 물리학
70. 지능이란 무엇인가
71. 과학자와 기독교(품절)
72. 알기 쉬운 양자론
73. 전자기학의 ABC
74. 세포의 사회(품절)
75. 산수 100가지 난문·기문
76. 반물질의 세계(품절)
77. 생체막이란 무엇인가(품절)
78. 빛으로 말하는 현대물리학
79. 소사전·미생물의 수첩(품절)
80. 새로운 유기화학(품절)
81. 중성자 물리의 세계
82. 초고진공이 여는 세계
83. 프랑스 혁명과 수학자들
84. 초전도란 무엇인가
85. 괴담의 과학(품절)
86. 전파란 위험하지 않은가(품절)
87. 과학자는 왜 선취권을 노리는가?
88. 플라스마의 세계
89. 머리가 좋아지는 영양학
90. 수학 질문 상자

91. 컴퓨터 그래픽의 세계
92. 퍼스컴 통계학 입문
93. OS/2로의 초대
94. 분리의 과학
95. 바다 야채
96. 잃어버린 세계·과학의 여행
97. 식물 바이오 테크놀러지
98. 새로운 양자생물학(품절)
99. 꿈의 신소재·기능성 고분자
100. 바이오 테크놀러지 용어사전
101. Quick C 첫걸음
102. 지식공학 입문
103. 퍼스컴으로 즐기는 수학
104. PC통신 입문
105. RNA 이야기
106. 인공지능의 ABC
107. 진화론이 변하고 있다
108. 지구의 수호신·성층권 오존
109. MS-Window란 무엇인가
110. 오답으로부터 배운다
111. PC C언어 입문
112. 시간의 불가사의
113. 뇌사란 무엇인가?
114. 세라믹 센서
115. PC LAN은 무엇인가?
116. 생물물리의 최전선
117. 사람은 방사선에 왜 약한가?
118. 신기한 화학매직
119. 모터를 알기 쉽게 배운다
120. 상대론의 ABC
121. 수학기피증의 진찰실
122. 방사능을 생각한다
123. 조리요령의 과학
124. 앞을 내다보는 통계학
125. 원주율 π의 불가사의
126. 마취의 과학
127. 양자우주를 엿보다
128. 카오스와 프랙털
129. 뇌 100가지 새로운 지식
130. 만화수학 소사전
131. 화학사 상식을 다시보다
132. 17억 년 전의 원자로
133. 다리의 모든 것
134. 식물의 생명상
135. 수학 아직 이러한 것을 모른다
136. 우리 주변의 화학물질
137. 교실에서 가르쳐주지 않는 지구이야기
138. 죽음을 초월하는 마음의 과학
139. 화학 재치문답
140. 공룡은 어떤 생물이었나
141. 시세를 연구한다
142. 스트레스와 면역
143. 나는 효소이다
144. 이기적인 유전자란 무엇인가
145. 인재는 불량사원에서 찾아라
146. 기능성 식품의 경이
147. 바이오 식품의 경이
148. 몸 속의 원소 여행
149. 궁극의 가속기 SSC와 21세기 물리학
150. 지구환경의 참과 거짓
151. 중성미자 천문학
152. 제2의 지구란 있는가
153. 아이는 이처럼 지쳐 있다
154. 중국의학에서 본 병 아닌 병
155. 화학이 만든 놀라운 기능재료
156. 수학 퍼즐 랜드
157. PC로 도전하는 원주율
158. 대인 관계의 심리학
159. PC로 즐기는 물리 시뮬레이션
160. 대인관계의 심리학
161. 화학반응은 왜 일어나는가
162. 한방의 과학
163. 초능력과 기의 수수께끼에 도전한다
164. 과학·재미있는 질문 상자
165. 컴퓨터 바이러스
166. 산수 100가지 난문·기문 3
167. 속산 100의 테크닉
168. 에너지로 말하는 현대 물리학
169. 전철 안에서도 할 수 있는 정보처리
170. 슈퍼파워 효소의 경이
171. 화학 오답집
172. 태양전지를 익숙하게 다룬다
173. 무리수의 불가사의
174. 과일의 박물학
175. 응용초전도
176. 무한의 불가사의
177. 전기란 무엇인가
178. 0의 불가사의
179. 솔리톤이란 무엇인가?
180. 여자의 뇌·남자의 뇌
181. 심장병을 예방하자